風速計及風向儀原理

當風吹向風杯的凹面時，會推動風杯逆時針轉動。而教材的風杯轉動一圈的圓周約69厘米，透過計算它在1分鐘內的轉動次數，就能知道風速。

*詳細玩法請看教材盒及說明書。

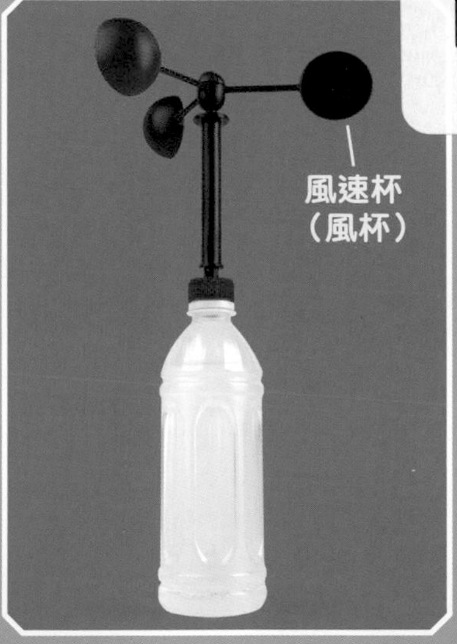

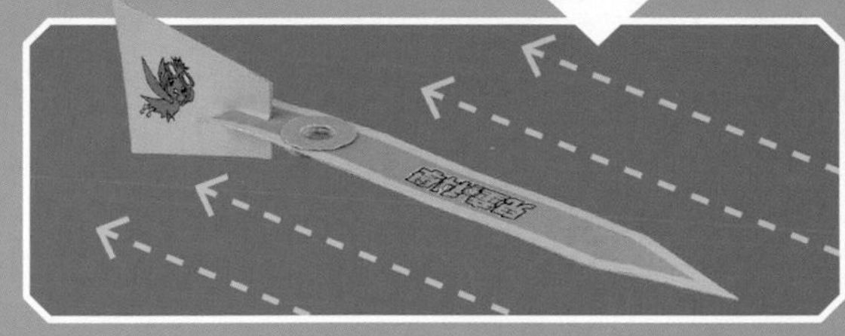

風會推動風向儀豎直的尾翼轉向，從而使風標箭頭指向風吹動的方向。

只要知道有風不就可以了嗎？哪要使用甚麼風速計。

那會有危險的，許多範疇都需要準確地計算風速呢！

▲帆船和飛機等交通工具行駛時，須時刻監察風速和風向的變動，免生意外。

▲工人在地下場所如礦洞工作時，須計算空氣流速，以免氧氣不足而生意外。

▲一旦發生山林大火，消防員須計算風速以判斷火勢的蔓延速度，提前伐除植被，設置防火道，控制燃燒的範圍。

▲射擊類運動比賽中，風速和風向對選手表現影響頗大。為確保公平，須紀錄當時的風速和風向。

空氣具有重量，而物體承受的空氣重量就是氣壓。空氣重量愈高即氣壓即高，反之亦然。當空氣由高壓區流向低壓區，就形成風。

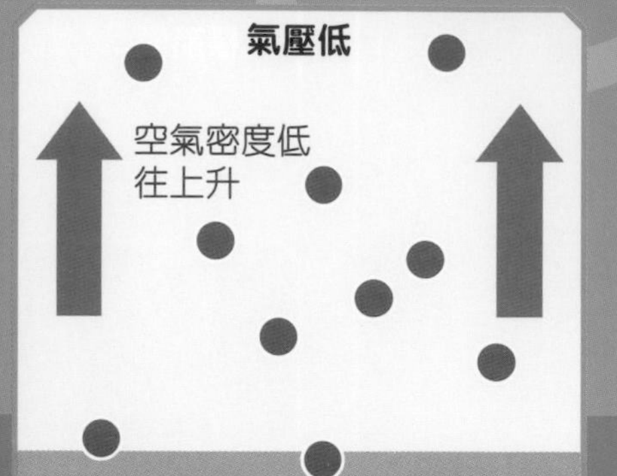

▲當空氣受熱時，空氣分子互相推擠的動作加快，彼此密度減少，於是向上升。這時地面承重較少，氣壓因而較低。

▲溫度下降時，空氣分子互相推擠的動作則變慢，彼此密度增加，遂往下沉。此時地面承重較多，故氣壓較高。

行星風系

地球各地所受日照角度及得到太陽熱量多寡都不同，於是其氣溫也各異，例如赤道地區受最多陽光照射，溫度較高，氣壓較低，極地則相反。

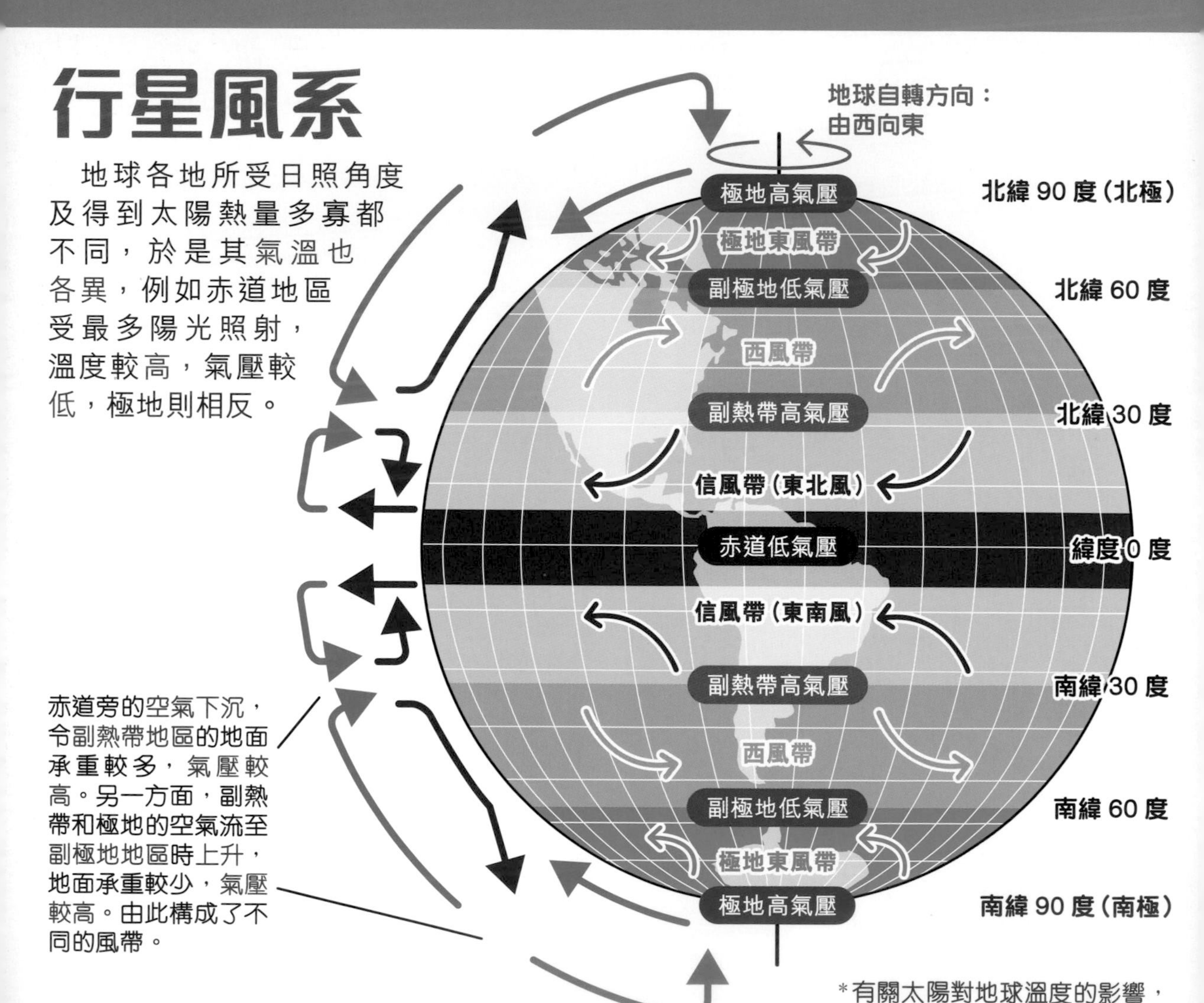

赤道旁的空氣下沉，令副熱帶地區的地面承重較多，氣壓較高。另一方面，副熱帶和極地的空氣流至副極地地區時上升，地面承重較少，氣壓較高。由此構成了不同的風帶。

＊有關太陽對地球溫度的影響，可參閱第 215 期的「專輯」。

風會拐彎？

風本應是垂直地從高壓區流向低壓區。不過由於地球自轉改變了風向，讓北半球的風順時針旋轉，南半球的則逆時針旋轉。此現象稱為科氏效應。

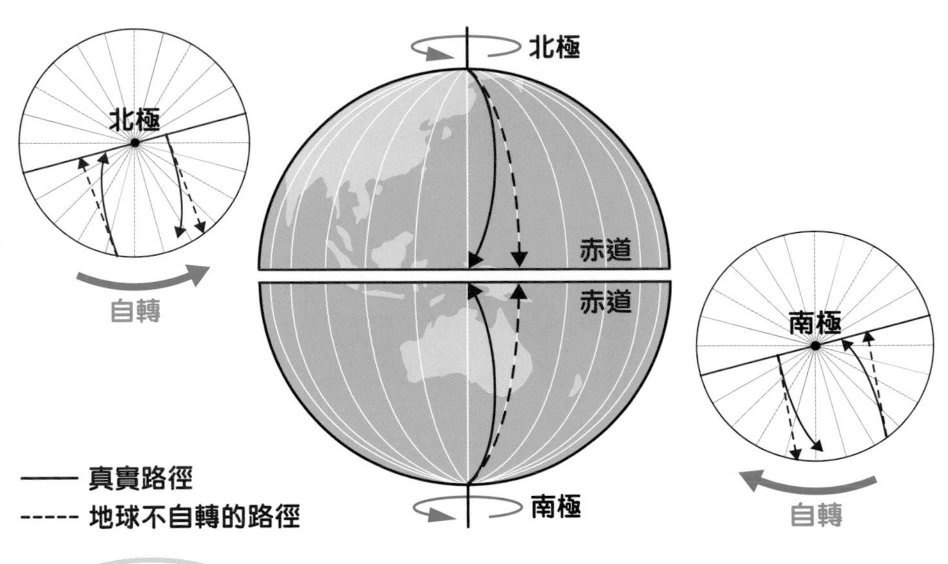

季候風

由於陸地的吸熱和散熱速度較快，而海洋則相反，這樣引發的溫度差異就形成季候風。

以香港為例，冬天時陸地的溫度較海洋低，氣壓則較高，風便從北方的中國大陸吹向南方的海洋，途中從東北方經過香港，形成較乾燥的冬季季候風，亦稱東北季候風。

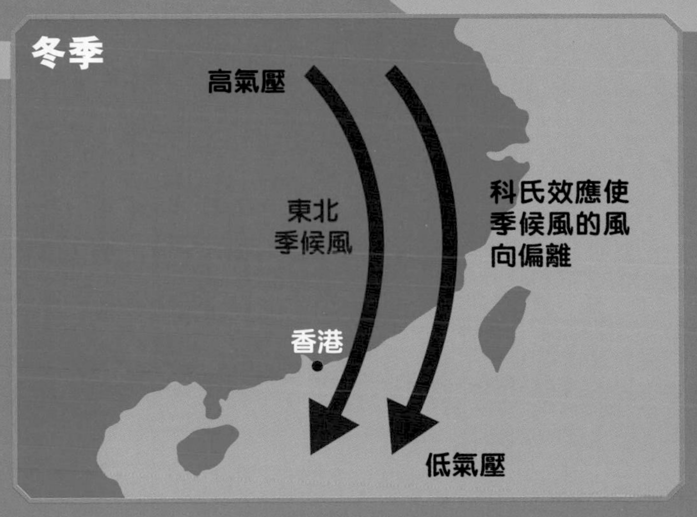

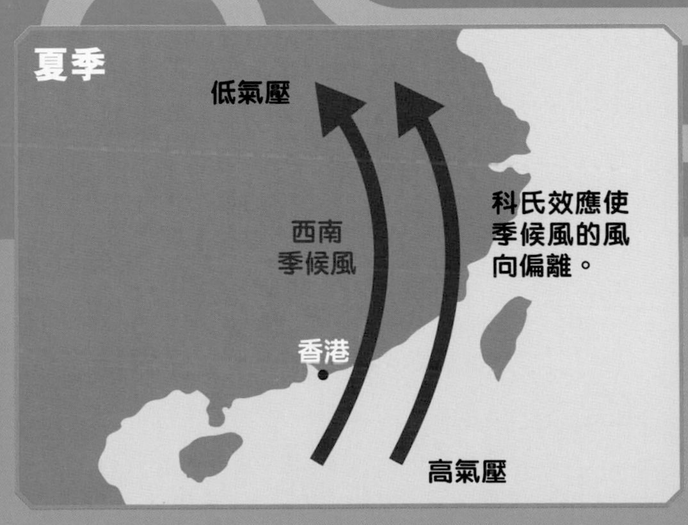

相反，夏天時陸地的溫度較海洋高，氣壓較低，風便從南方的海洋吹向北方的陸地，途中從西南方經過香港，形成較濕潤的夏季季候風，亦稱西南季候風。

熱帶氣旋（颱風）

熱帶海洋的海水受陽光照射，便受熱蒸發成水蒸氣。這些水蒸氣凝結時，釋放潛熱，加熱附近的空氣，使其向上升，令氣壓降低。同時，高空的冷空氣下降至地面，並流向低氣壓的中心，形成熱對流，因而產生熱帶氣旋。

香港把熱帶氣旋依其中心附近最高持續風速分作六類：

熱帶低氣壓
每小時 41 至 62 公里

熱帶風暴
每小時 63 至 87 公里

強烈熱帶風暴
每小時 88 至 117 公里

颱風
每小時 118 至 149 公里

強颱風
每小時 150 至 184 公里

超強颱風
每小時 185 公里或以上

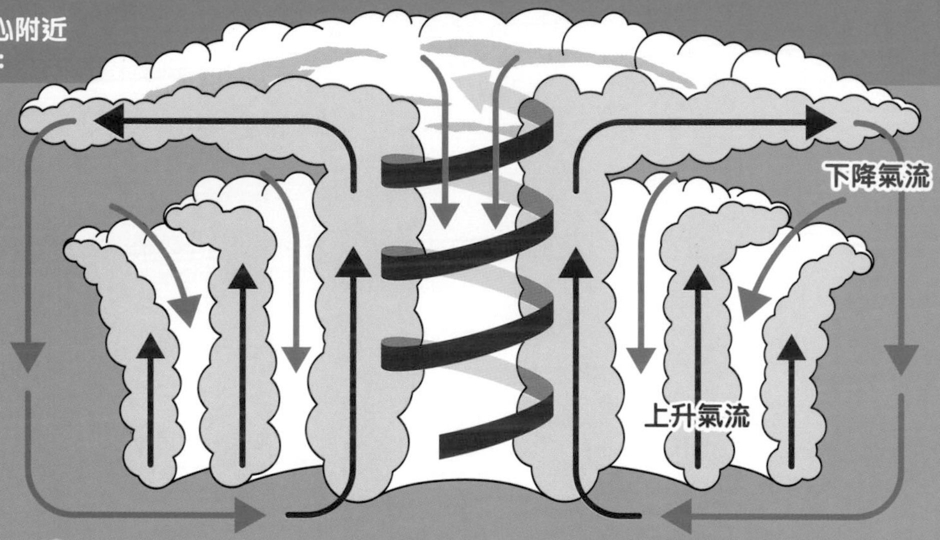

為何打風前會有悶熱天氣？

颱風接近城市時，熱空氣會上升至對流層頂部，再擴散及下沉至城市，令當地的氣壓變高。城市內的空氣因而難以上升，令水氣滯留在地面，無法形成雲，不能遮擋陽光，於是氣溫上升，形成悶熱的天氣。

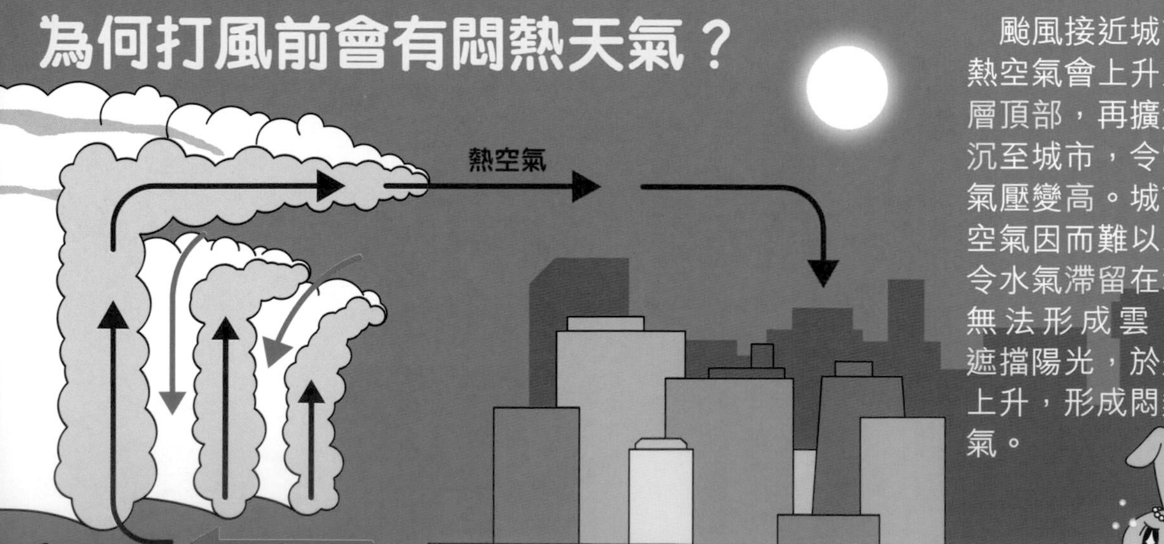

有吸力的颱風？

打風時，有些窗戶被吹破了，碎片還掉到街上，好像被吸出來呢。

這與白努利定理有關。

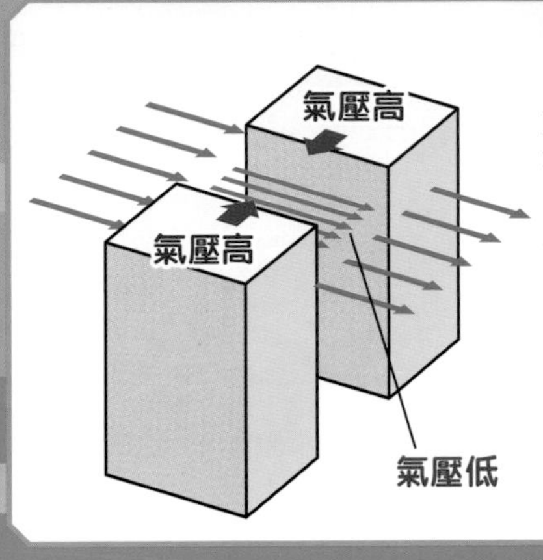

當風經過建築物之間的狹窄空間時會加速，此稱風洞效應。根據白努利定理，空氣流速愈快，氣壓愈低，反之亦然。當大廈內的氣壓高於室外時，便會產生一種向外力，令窗戶碎片吹至街外。

當颱風遇上季候風

當颱風和季候風相遇時，可能令風勢疊加，造成更大破壞，此稱共同效應。例如 2021 年的颱風「圓規」受東北季候風加持，風力增大，在香港造成至少 20 人受傷、887 宗塌樹意外。

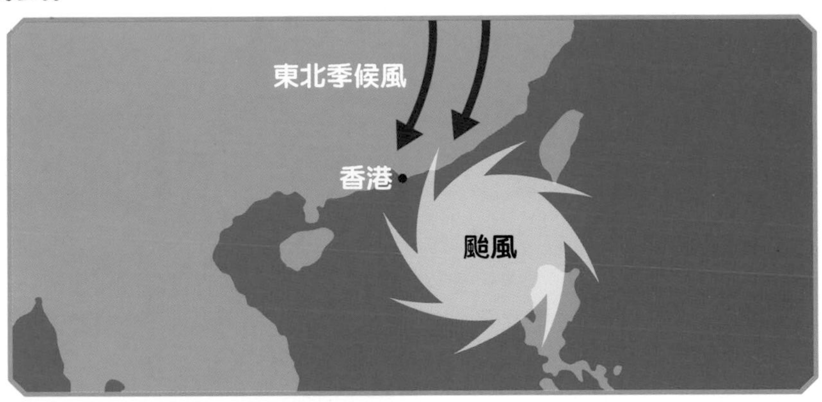

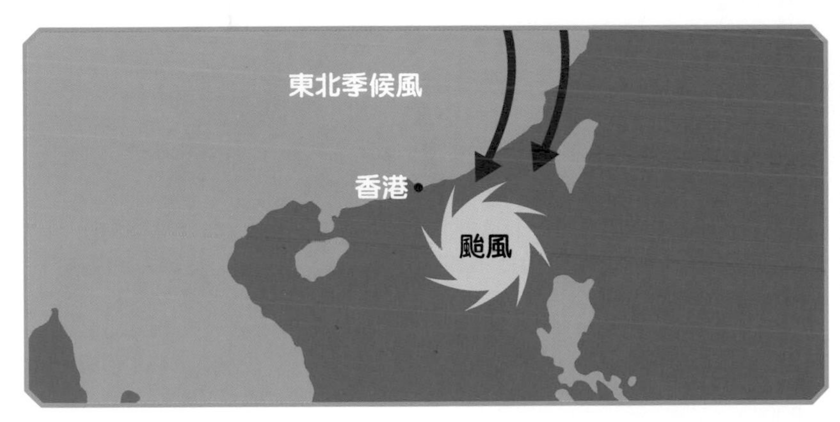

不過，季候風亦可能會減弱颱風的威力。由於颱風的形成源於海水受熱蒸發，而香港的東北季候風寒冷而乾燥，或會帶走水氣，減弱颱風的熱對流，使其風勢變弱。

另外，季候風亦可能改變颱風的路徑，減少其對沿岸城市的破壞，如 2010 年的颱風「鮎魚」便受東北季候風影響而一度往西南移動。

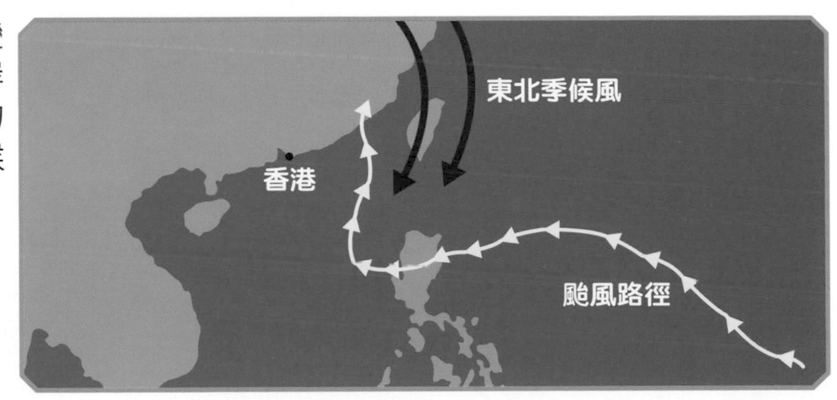

風的作用

調節溫度

赤道等低緯度地區接收的太陽熱量較多，溫度較高；南北兩極等高緯度地區則相反。這些地方本應承受極端酷熱或嚴寒，但因風傳遞全球近四分之三的熱力，平衡了全球溫度，令當地人類及動植物才得以生存。

風力發電

風蘊含取之不盡的巨大能量，不少國家都發展風力發電，如 2022 年風能佔丹麥總發電比例的 52%，可見風能有助解決能源短缺。

交通運輸

古時帆船依靠風作動力作遠距離穿梭，與其他民族交流，促進了經濟、科技、文化等各方面發展。到了現代，飛機也是借助空氣氣流，以產生向上的升力，才能順利飛行。

有關升力的詳細說明，可參閱第 213 期的「科學 DIY」。

風吹動水氣和雲移動，平衡沿海及內陸地區的濕度差異。沒有風的話，雲就只會出現於沿岸地區，使那裏變得極端潮濕，內陸地區則變得極端乾燥。

調節濕度

有些植物如木棉花和蒲公英的種子長有羽毛般的附屬物，讓它們得以借風力飄散至其他地方萌芽生長。

風力播種

▲蒲公英果實成熟後，就會形成白色的絨球，當中有許多種子。每顆種子附着一束小白傘般的冠毛，隨風飄向遠方。

生態環境的互動

自然環境之間透過風存在着微妙的互動。例如位於南美洲的「地球之肺」亞馬遜雨林為地球提供近 50% 氧氣，非常重要。而風每年則把非洲撒哈拉沙漠近 2700 萬噸的沙塵吹至亞馬遜雨林，補充了雨林因大雨而流失的植物養分「磷」，使雨林內的植物得以茁壯生長。

火焰蜻蜓

蜻蜓靈活的飛行技巧，使牠們成為自然界最出色的飛行者之一！

我們可在空中急速轉彎、盤旋和懸停，也能以驚人的速度和靈活度在空中捕捉獵物呢！

火焰蜻蜓（Flame skimmer，學名：*Libellula saturata*）身長約 6 厘米，但體重只有約 10 克，雙翼展開可達 8 厘米。其身體分為頭部、胸部和腹部三部分：頭上有一對用於感知環境的短小觸角，另有一對大型複眼，令牠具極良好的視覺感知能力；胸部有三對強壯的腿，能抓住或固定在植物上。

© 海豚哥哥 Thomas Tue

牠們主要分佈在美國西南部，喜於溪流、湖泊和池塘棲息，主要吃蒼蠅、蚊子、蜘蛛和蚱蜢等昆蟲，壽命估計約有數月至一年。

▲蜻蜓的翅膀均由一層薄膜狀的組織組成，具輕盈、柔軟和透明的特性。而火焰蜻蜓的翅膀更有鮮豔的橙紅顏色和獨特的花紋，十分美麗。

◀蜻蜓是高效的昆蟲捕食者，在生態系統發揮着控制昆蟲數量的重要作用。

▲蜻蜓的翅膀能快速振動，每分鐘可振動數十次甚至上百次，足以使牠們在空中保持平衡和懸停。

若想觀看火焰蜻蜓的精彩片段，請瀏覽：https://youtu.be/9mjHIAdXWxI

若想考察中華白海豚，請瀏覽：https://eco.org.hk/mrdolphintrip

海豚哥哥 Thomas Tue

海豚哥哥簡介

自小喜愛大自然，於加拿大成長，曾穿越洛磯山脈深入岩洞和北極探險。從事環保教育超過 20 年，現任環保生態協會總幹事，致力保護中華白海豚，以提高自然保育意識為己任。

參加辦法

在問卷寫上給編輯部的話、提出科學疑難、填妥選擇的禮物代表字母並寄回，便有機會得獎。

建築你曲折的彈珠跑道吧！

A

1名

The Learning Journey Techno Gears 滾珠套裝 3.0

建造讓滾珠順利落下的機關跑道！

B LEGO® Disney™ 43220 Peter Pan & Wendy's Storybook Adventure

齊來打開小飛俠與溫蒂的冒險故事。

1名

C 4M 泡泡機械人

1名

接駁電路，準備讓房間充滿泡泡吧！

D The Great Detective Sherlock Holmes ⑮ & ⑯

1名

人氣小說《大偵探福爾摩斯》英文版！

E 大偵探福爾摩斯 數學偵緝系列 ① & ②

大偵探福爾摩斯 大偵探福爾摩斯

1名

跟着福爾摩斯以數學偵破各種奇案吧！

F 大偵探 文具套裝

含A4文件夾、卡套、貼紙、證件套和A5筆記簿。

1名

G STAR WAR TOMICA 車

SC-06 STAR WARS STAR CARS TAKARA TOMY

2名

星球大戰的迷你車子，極具收藏價值！

H Qman 角落小夥伴 角落零食屋積木拼圖

拼出角落生物的相片架！

1名

I paper nano 潮流服飾店

1名

雕出你的紙製服飾店吧！

第 217 期得獎名單

	禮物	得獎者
A	Merchant Ambassador 20 吋桌上桌球機	陳茗業
B	Fantasma 神奇魔術盒表演套裝	趙景晞
C	Gigo 科技積木 創新科技系列—創客工程 齒輪彈力組	潘柏睿
D	小說 名偵探柯南 電影版 ③ & ④	劉信恩
E	Rescue Force 四輪拯救機車套裝	蕭啟峰
F	科學大冒險 ④ & ⑤	劉梓希
G	植物種植恐龍造景燈	馮孜浩
H	大偵探福爾摩斯－小兔子外傳 苦海孤雛 上 & 下	周昊霆
I	大偵探 450 毫升水樽 款式 A	畢恩澤
J	PIXOBITZ－迷你 PIXO 立體積膠創意晶瑩透明套裝包	陳愷瞳
K	機動戰士 GUMDAM SEED DESTINY 模型	曾翰楓
L	paper nano－航天中心	李栢熹
M	Qman 角落小夥伴 便當系列	譚晞橦
N	LEGO®DC Super Heroes 76220 Batman™ versus Harley Quinn™	林卓宏
O	LEGO 樂高幻影忍者系列 Jay 的閃電噴氣機 EVO 71784	鍾善桁

規則

截止日期：7月31日
公佈日期：9月1日（第 221 期）

★ 問卷影印本無效。
★ 得獎者將另獲通知領獎事宜。
★ 實際禮物款式可能與本頁所示有別。
★ 匯識教育公司員工及其家屬均不能參加，以示公允。
★ 如有任何爭議，本刊保留最終決定權。
★ 本刊有權要求得獎者親臨編輯部拍攝領獎照片作刊登用途，如拒絕拍攝則作棄權論。

第 215 期得獎者

雖然穿梭機早已退役，不過跟它屬同一種航天載具的「太空飛機」，至今仍用於不同的太空任務！

製作時間：
約 2 小時

製作難度：
★★★☆☆

正文社 YouTube 頻道
嘟一嘟在正文社 YouTube
頻道搜尋「#219DIY」
觀看製作過程！

太空飛機

製作步驟

工具：剪刀、𠝹刀、白膠漿

⚠ 請在家長陪同下小心使用利器。

1 剪出機身後半部分 B，沿虛線摺一下，然後如圖貼在機底上。

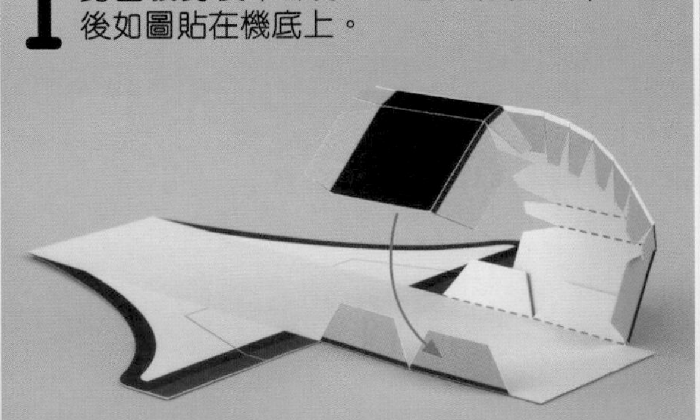

2

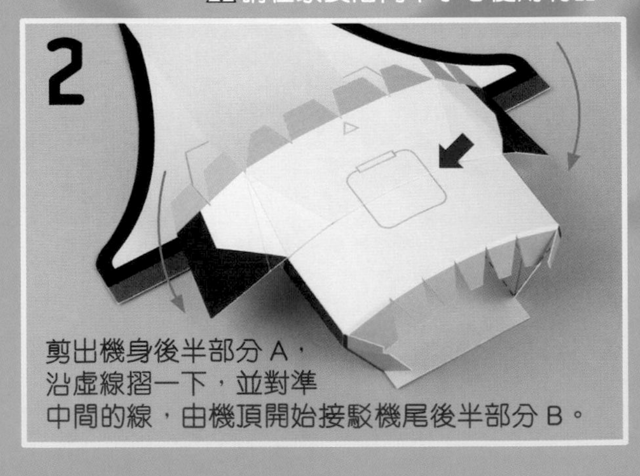

剪出機身後半部分 A，
沿虛線摺一下，並對準
中間的線，由機頂開始接駁機尾後半部分 B。

3 左右兩邊都對準機身的花紋來接駁。

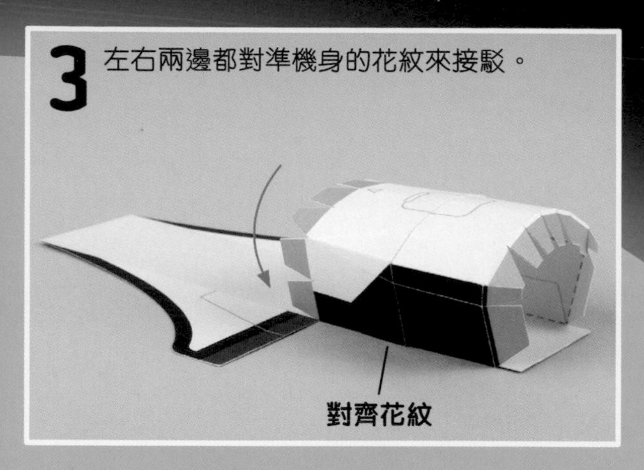

4 貼上機身。

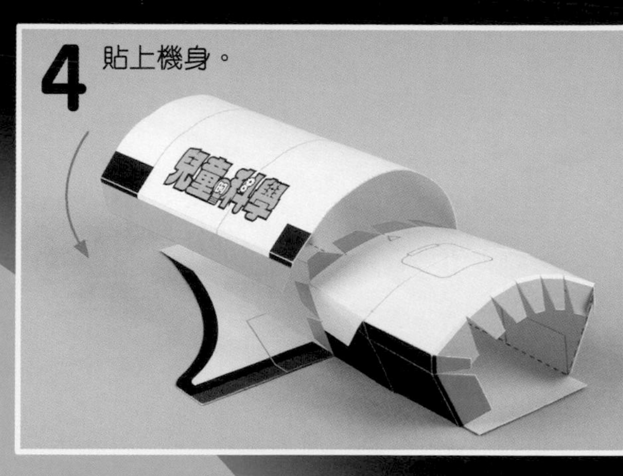

5 貼上機尾。

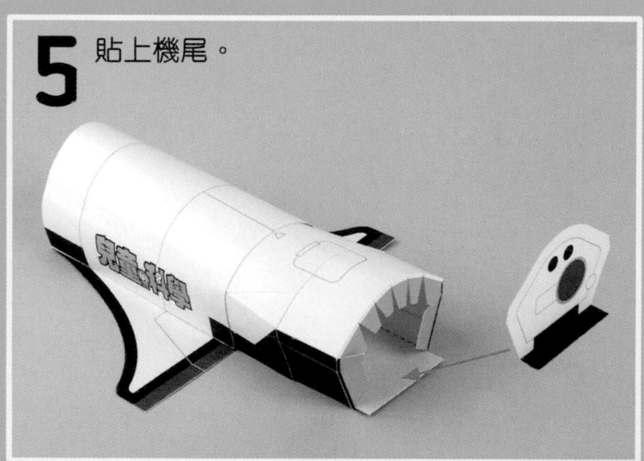

6 對摺左右機翼紙樣及黏貼成一片，然後貼在機尾左右兩邊。

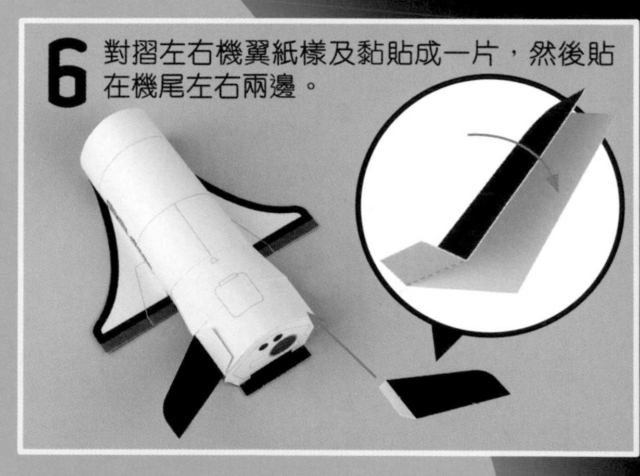

7 把引擎紙樣捲成圓筒形，然後貼在機尾標示的位置。

8 剪出機頭紙樣，屈摺及黏貼相應部分。

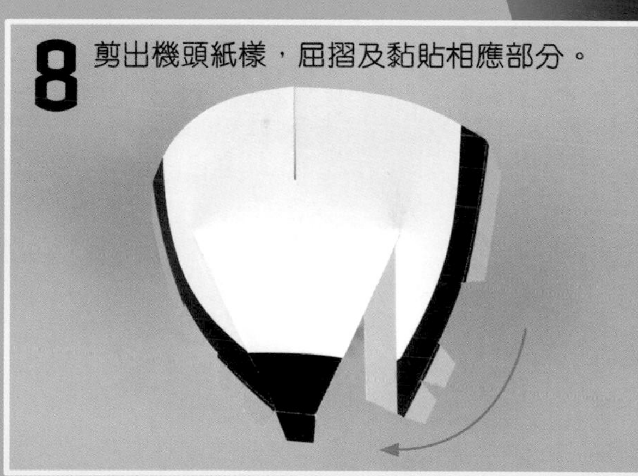

9 貼上機頭底部，完成整個機頭。

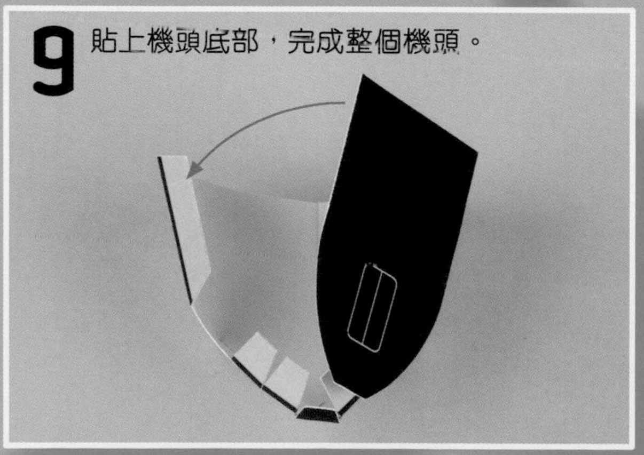

10 把機頭套進機身內。

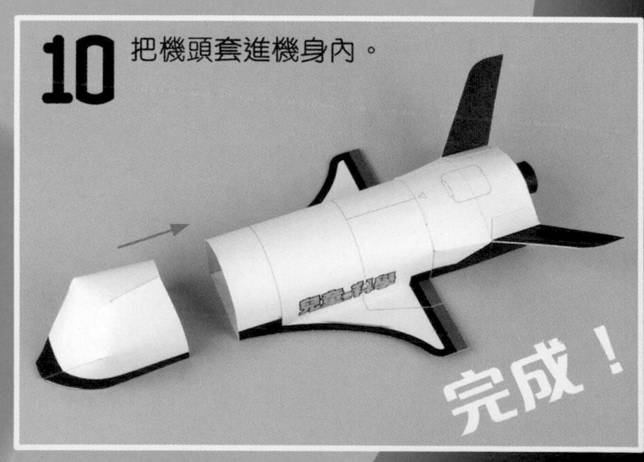

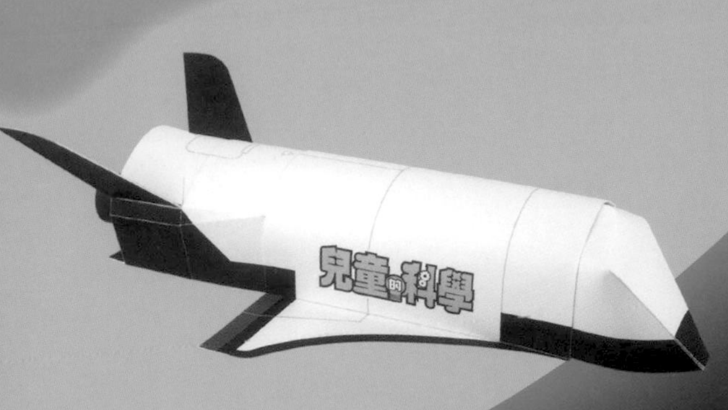

太空飛機的用途

太空飛機是一種同時具備在大氣環境及太空環境航行的航天載具。自從穿梭機退役後，火箭獲主力發展與使用，太空飛機的發展不多。目前的太空飛機主要都在研發階段，或是用作實驗，將來則可能會用於太空旅行及觀光。

模樣奇怪的飛機

大氣環境下有空氣，而太空則沒有空氣，因此太空飛機的設計要同時適應兩者。機翼在大氣環境下才能發揮作用；而機身左右及後方的噴射引擎，則可在太空時用來控制機身。

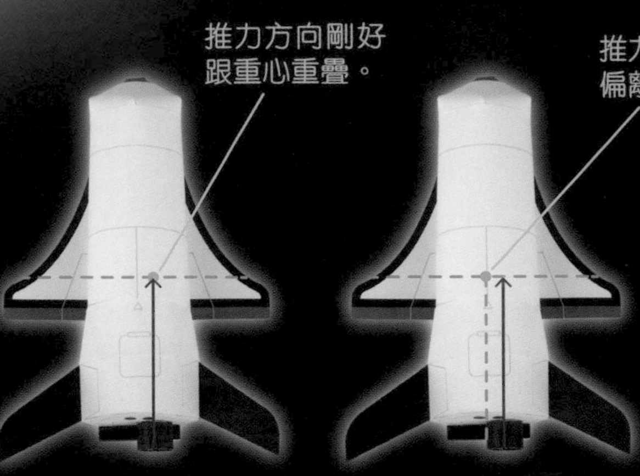

推力方向剛好跟重心重疊。
推力方向偏離重心。

◀本 DIY 的太空飛機以波音公司的 X-37B 為藍本，引擎放在較右的位置。這設計可能是因飛機的重心不在中間，故此引擎位置亦作了改動，令引擎噴射時不致於令飛機不穩地自轉。

太空飛機在何處飛行？

太空飛機的飛行高度達距離地面 160 公里以上。這裏也有衛星及太空站。

衛星

衛星

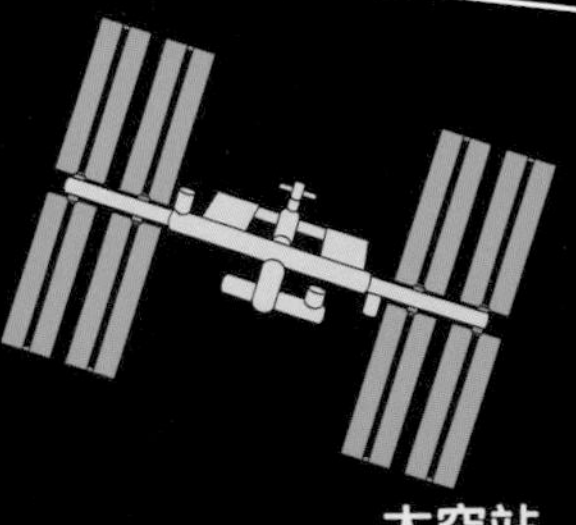

160km

較低的地方空氣密度較高，衛星及太空站若跟空氣高速摩擦，會產生過多熱能，因此它們的高度不能太低。

客機則在距離地面約 12 公里的地方飛行。

20km

客機

紙樣

沿實線剪下　沿虛線向內摺　沿虛線向外摺　黏合處

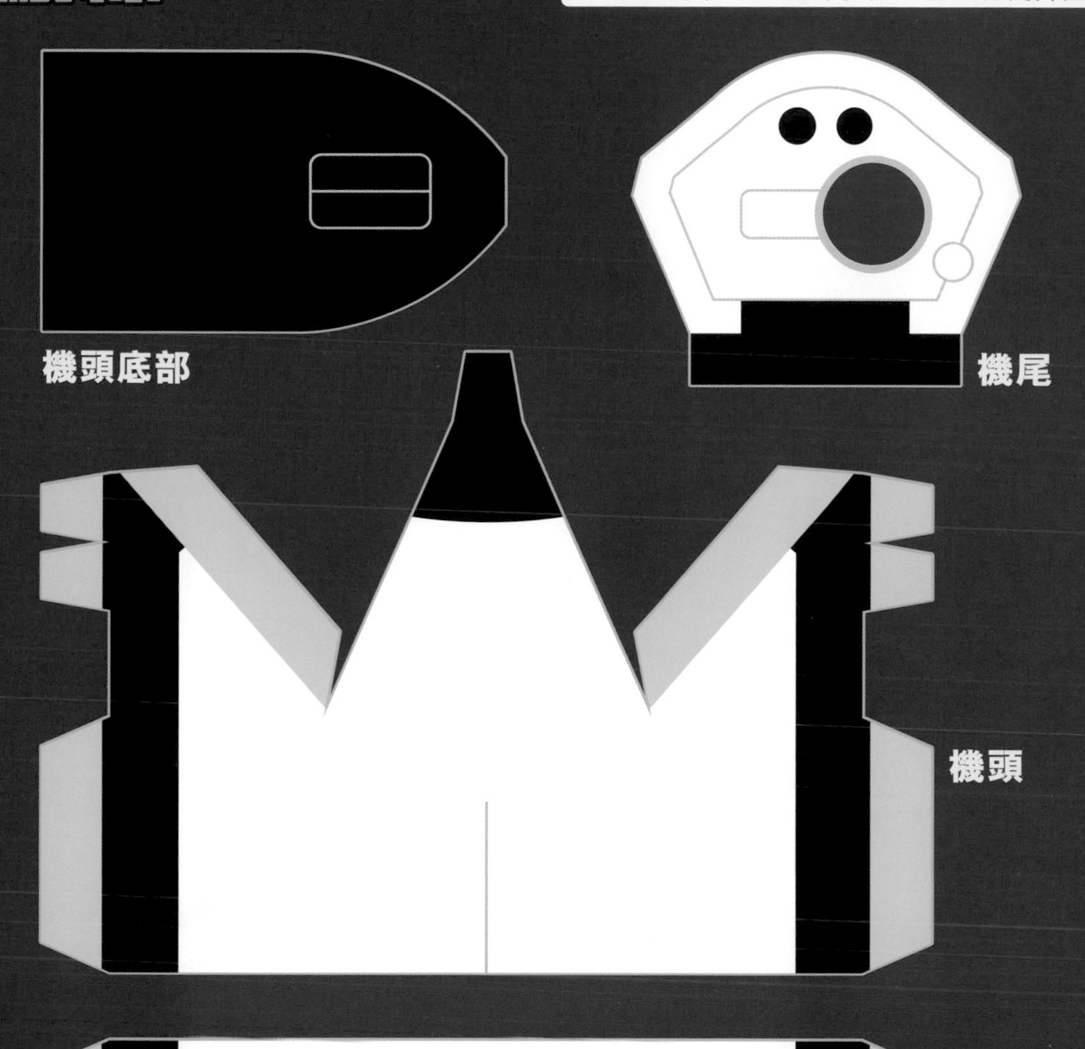

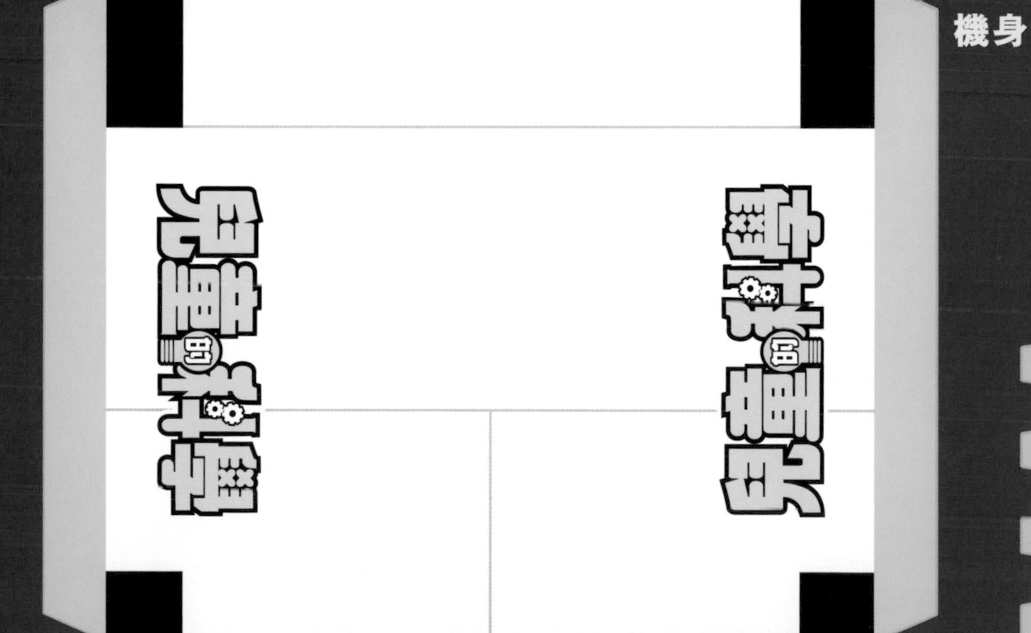

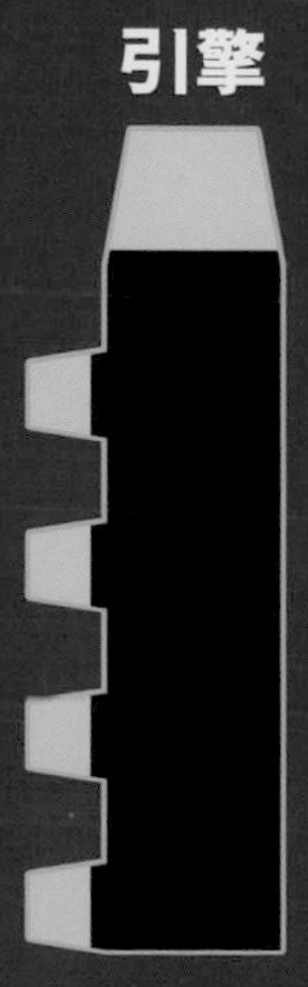

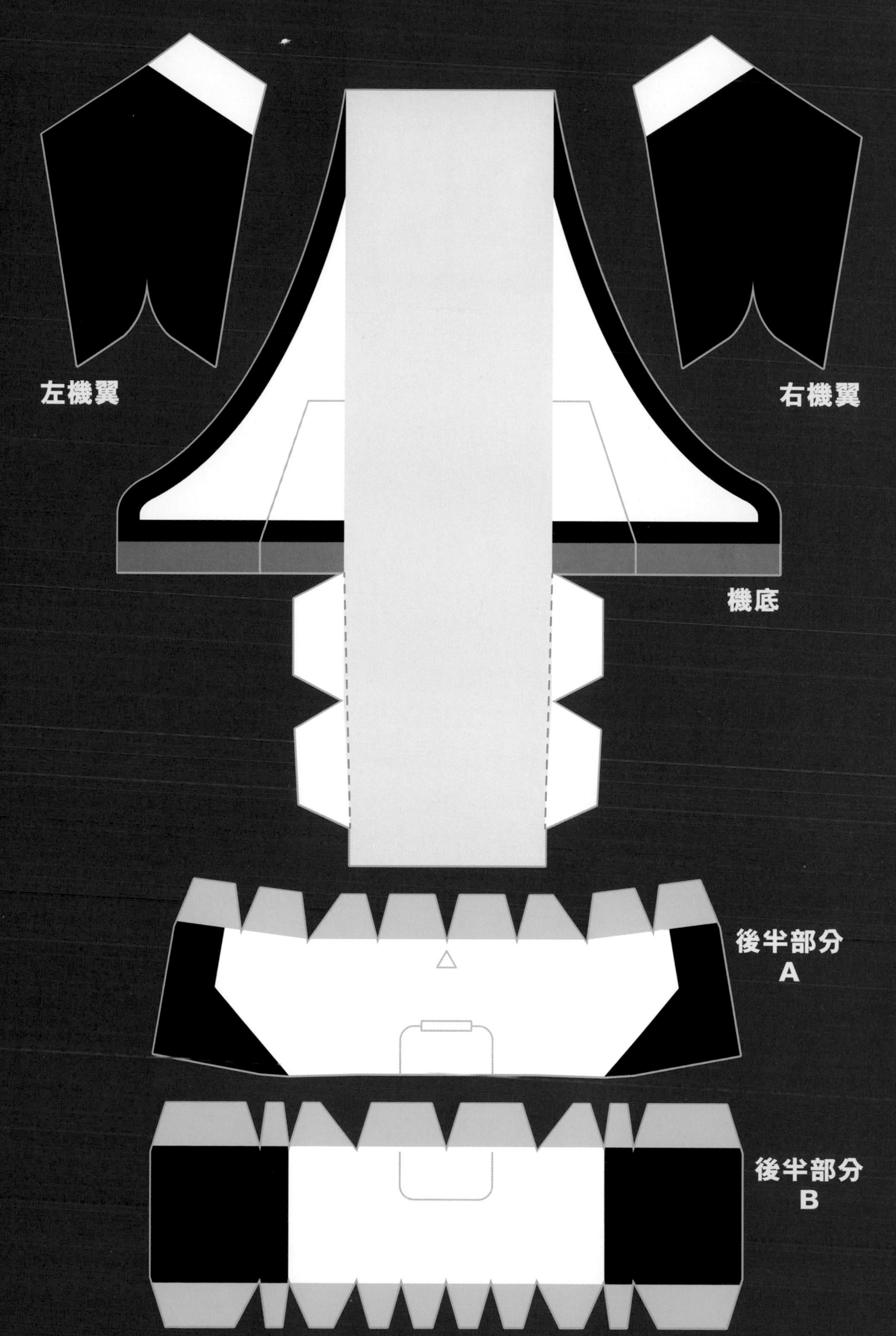
左機翼
右機翼
機底
後半部分
A
後半部分
B

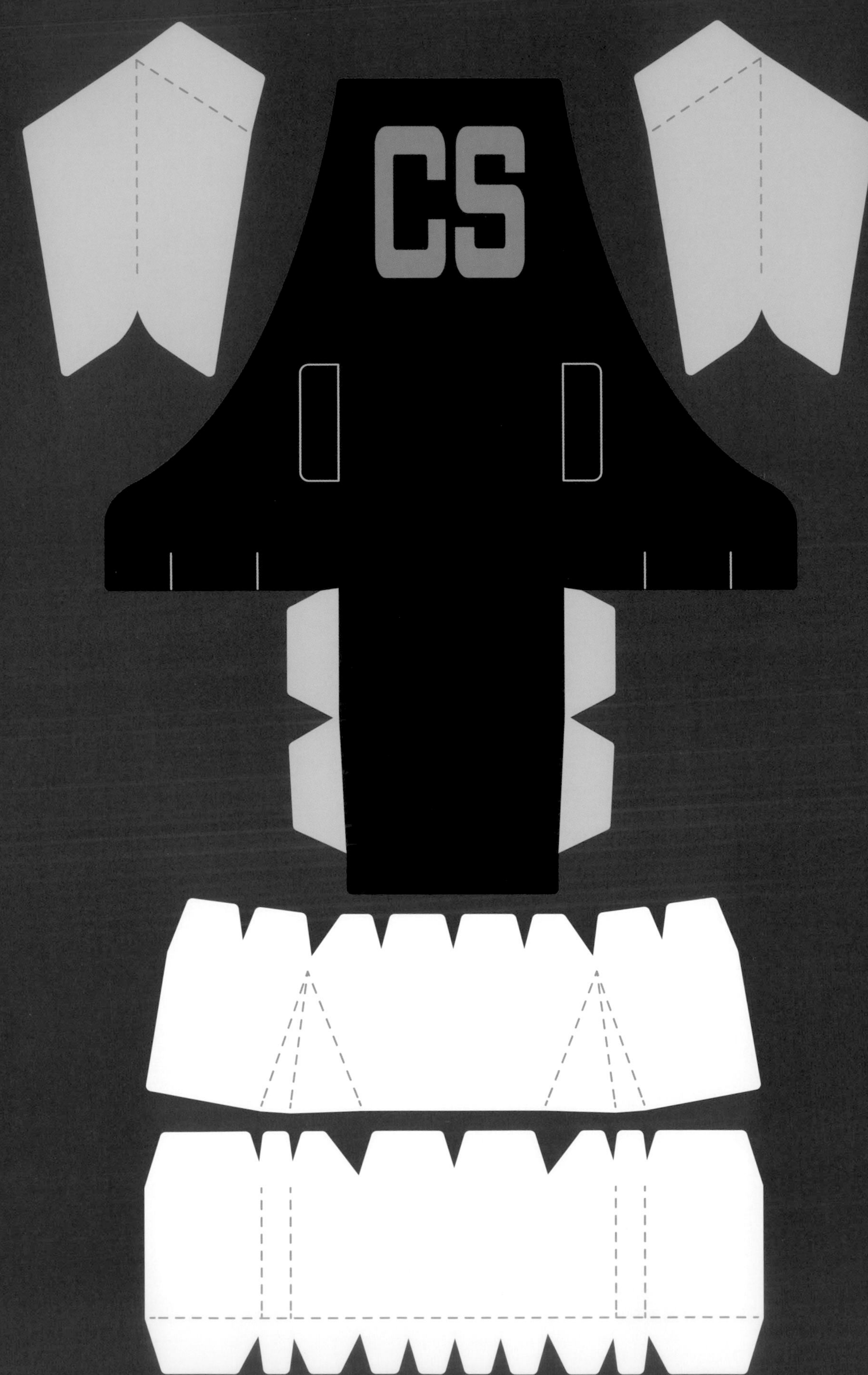
CS

為了證明自己的游泳能力，達爾猩猩參加渡海泳比賽。只是比賽後，他身上竟出現不明異狀。

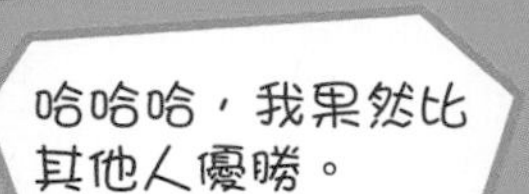

達爾猩猩「鏽」身記

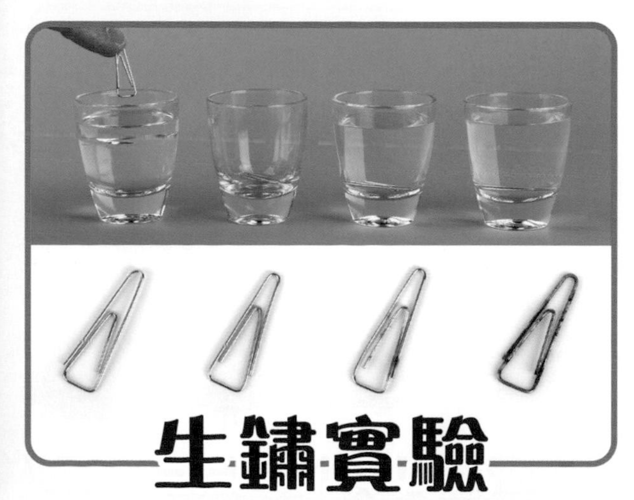

生鏽實驗

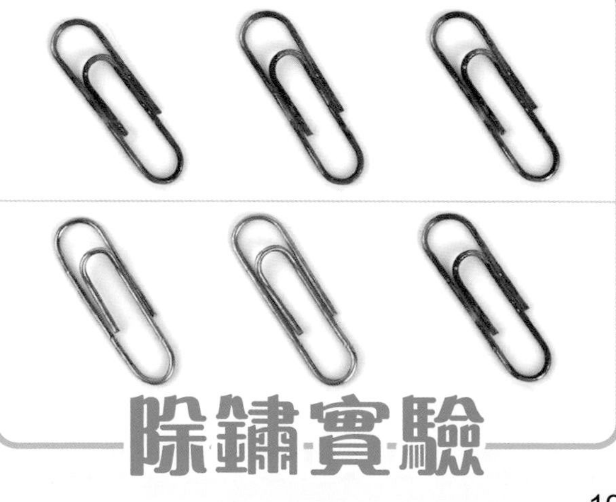

除鏽實驗

生鏽實驗

材料：鹽、油

工具：杯子 4 個、沒有生鏽的金屬萬字夾 4 個、雪條棍 1 條、筷子 1 雙

⚠ 請在家長陪同下小心使用熱水、刀具及尖銳物品。

注意事項

- 必須於家長陪同下進行實驗。
- 實驗時切勿飲食。
- 切勿進食本實驗製作出來的任何成品。
- 處理實驗品前後都必須洗手。

1
順次序把 100℃ 沸水及油倒進第 1 個杯子內。
1
2
3
4

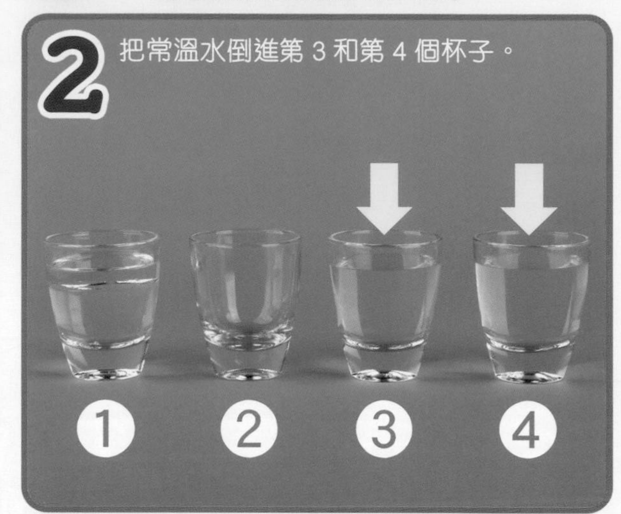

2
把常溫水倒進第 3 和第 4 個杯子。
1
2
3
4

3
把約 2 茶匙的鹽倒進第 4 個杯子，然後用雪條棍攪拌。
1
2
3
4

4
把四個萬字夾分別放進四個杯子裏。

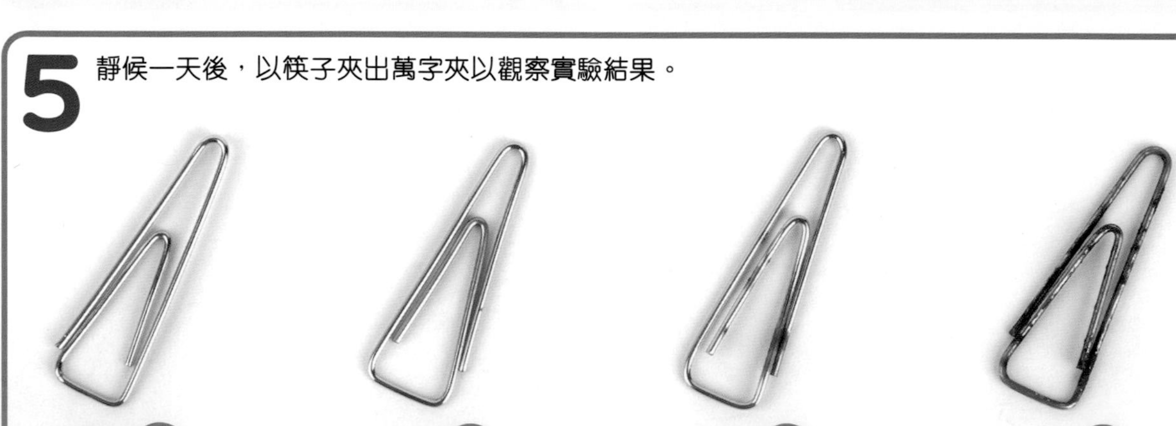

5
靜候一天後，以筷子夾出萬字夾以觀察實驗結果。
杯子1
杯子2
杯子3
杯子4

生鏽原理

當鐵接觸到氧和水時，就會引發氧化反應，產生紅褐色的鐵氧化物，亦即鐵鏽。其具體的化學反應過程如下：

物體由原子組成，而原子內有質子、電子及中子的微小粒子啊。

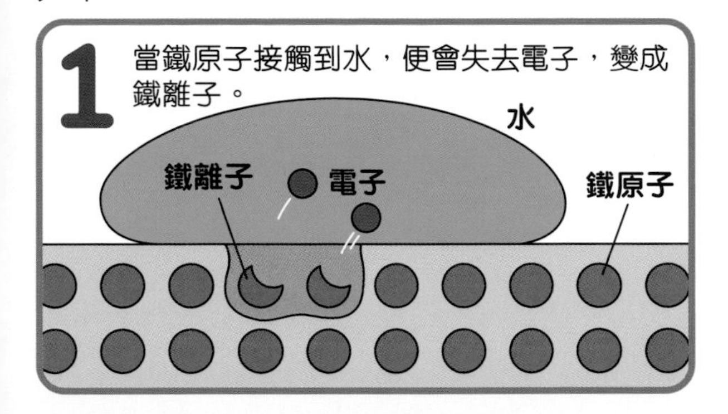

1
當鐵原子接觸到水，便會失去電子，變成鐵離子。
水
鐵離子
電子
鐵原子

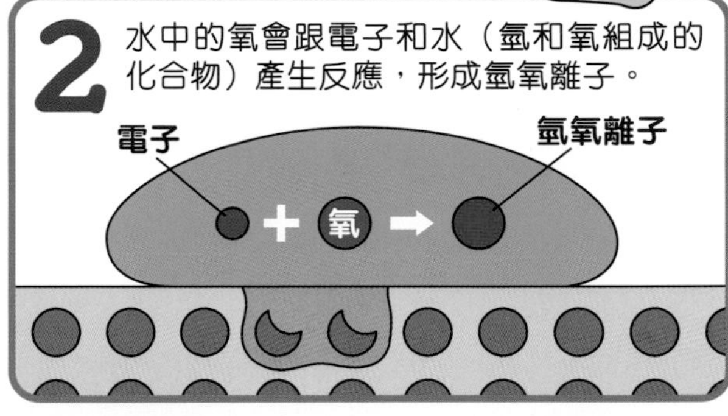

2
水中的氧會跟電子和水（氫和氧組成的化合物）產生反應，形成氫氧離子。
電子
氫氧離子
氧

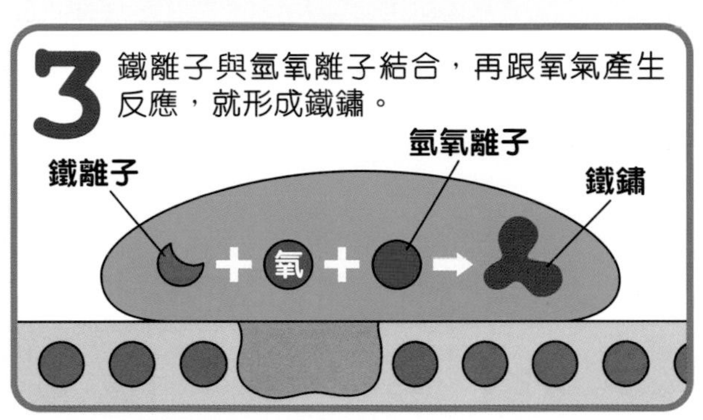

3
鐵離子與氫氧離子結合，再跟氧氣產生反應，就形成鐵鏽。
氫氧離子
鐵離子
鐵鏽
氧

這就是杯子3中的萬字夾生鏽的過程。
那其他結果呢？為何鹽水中的金屬生鏽得更快？

解析其他實驗結果

杯子 1

當水被加熱至沸點，當中的氧氣會消散，再用油隔絕氧氣進入水中，便形成無氧水。此實驗顯示當金屬只接觸水而不接觸氧，並不易生鏽。

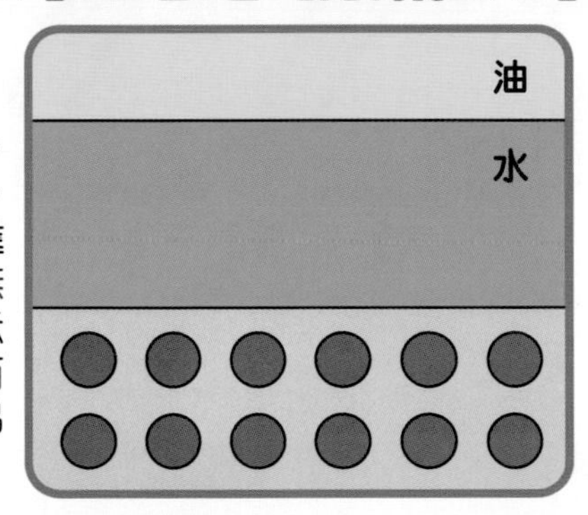

杯子 2

萬字夾只接觸空氣，生鏽速度比直接泡在水中慢得多，所以暫時觀察不到鐵鏽。然而長此下去，萬字夾也因與空氣中的氧和水分產生反應而生鏽。

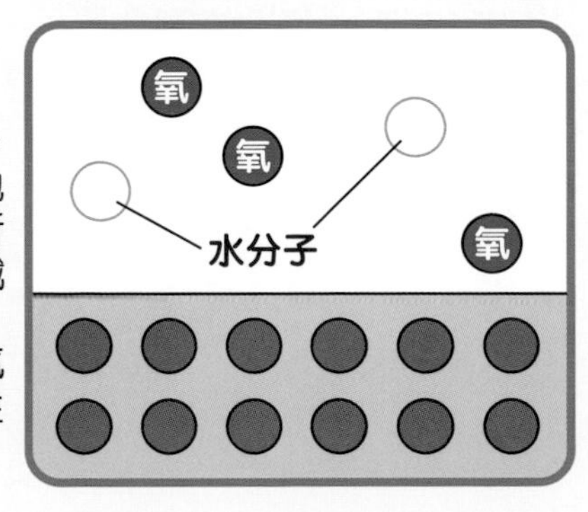

杯子 4

鹽分能加強水的導電性，令電子更快與氧反應，較杯子 3 的萬字夾更快生鏽。

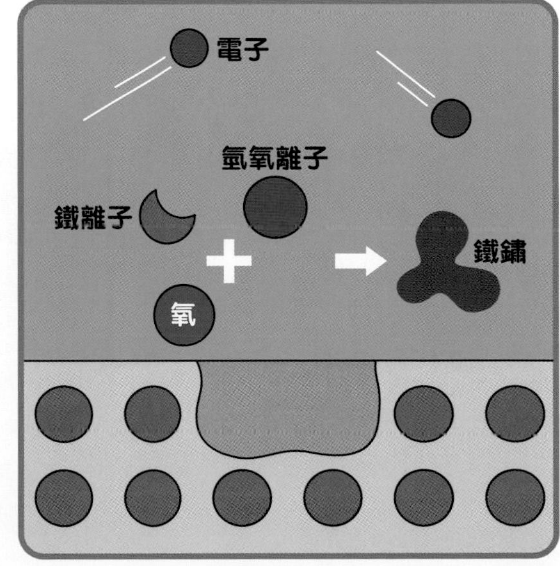

你在海裏游泳，而
海水有鹽分，所以
你很快就生鏽了。

別只顧說生鏽原理，
快點幫我弄走那些鐵
鏽吧！

除鏽實驗

材料：汽水、醋

工具：杯子3個、已生鏽的萬字夾3個、筷子1雙

注意事項

- 必須於家長陪同下進行實驗。
- 實驗時切勿飲食。
- 切勿進食本實驗製作出來的任何成品。
- 處理實驗品前後都必須洗手。

1 把汽水、醋和水分別倒進三個杯子內。

2 把三個已生鏽的萬字夾分別放進杯子內。然後，靜候兩小時，觀察實驗結果。

除鏽前

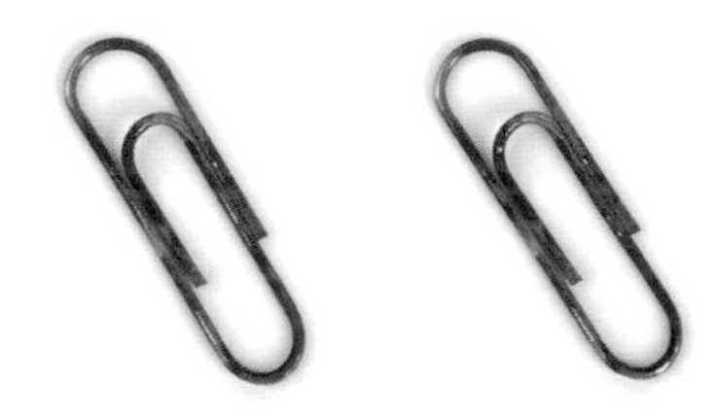

除鏽後

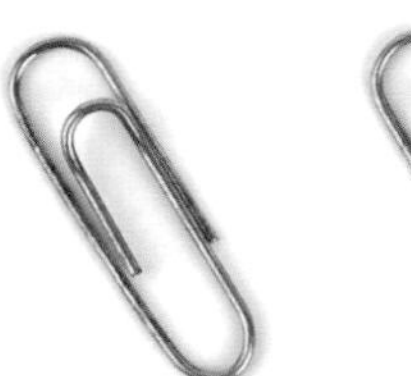
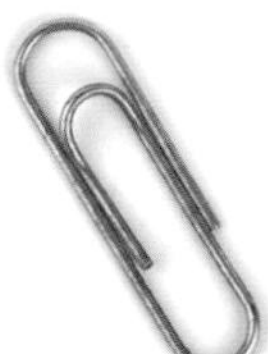

汽水　醋　水

汽水和醋的效果都不錯。

相反，水的除鏽效果不太好。

除鏽原理

汽水和醋都同屬酸性，也具微弱的腐蝕性。它們會穿過鏽層至鐵製品表面，並溶解鐵鏽，使其剝落，達致除鏽效果。此方法稱作酸洗。

只是由於酸性液體同樣會引起氧化，所以除鏽後要儘快用清水洗淨並抹乾。

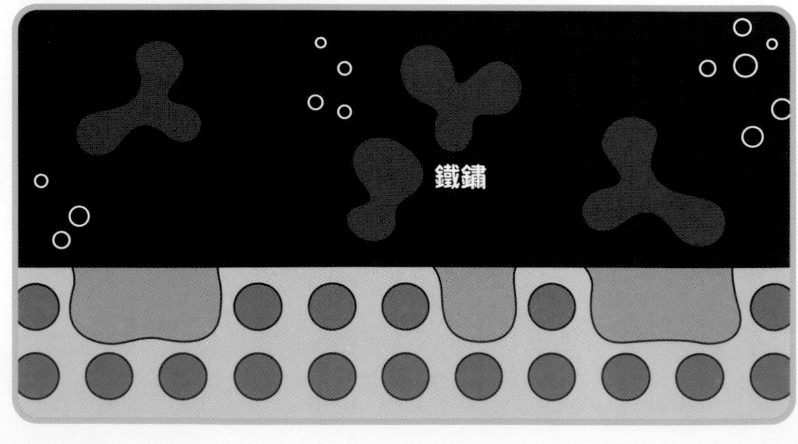

防鏽方法

隔絕法：

利用塑膠、油漆、潤滑油等物料，隔絕金屬與水和氧氣的接觸以防止氧化。

鐵鏽的體積比同質量的鐵大，會擠壓鐵製品未生鏽的地方，使其更快損壞。
人們為替代已生鏽的東西，花費甚鉅，所以會設法防鏽。

◀▲人們會根據物品的特性而採用不同物料防鏽，如鐵衣架多用塑膠包裹，以免弄髒衣物；齒輪多用潤滑油，以保證轉動時的順暢；汽車則多用油漆以防雨及風沙。

犧牲保護法：

一些活性較高的金屬如鎂和鋅較易釋放電子。當把它們與鐵放在一起，就能補充鐵被氧奪去的電子，使鐵在它們氧化前都不會生鏽。

大型的地下水管通常會連接鎂塊，並定期更換，防止水管生鏽。

一個月後
304
我換了這身不鏽鋼皮膚，就以後都不會生鏽了！
不鏽鋼只因鐵中混和了其他金屬而形成一層薄膜，阻隔鐵與氧接觸而生鏽。
長期接觸海水，還是會因腐蝕而生鏽的啊。

上回提要：

一名叫賈米森的獨居老人被硬物重擊額頭後，死於其鄉郊小鎮雷克曼的一幢獨立屋中。離奇的是，兇案現場的臥室門窗俱被反鎖，也沒發現致命兇器。李大猩和狐格森為此向福爾摩斯求教，指出死者沒存款，也沒有工作，口袋中卻有20張1英鎊的鈔票，最近還用一疊1英鎊現鈔買了部留聲機。此外，他每個月的第一個星期一都會去倫敦一次，被殺當天正好是剛去完倫敦的第二天。福爾摩斯雖然臥病在床，卻僅憑這些蛛絲馬跡，就推論出那些1英鎊現鈔是勒索所得，每個月頭去倫敦是為了收取勒索錢。所以，死者是因苛索過度而被殺……

數天後，病癒的福爾摩斯與華生和孖寶幹探一行四人，來到了四周**鬱鬱蔥蔥**、被樹林包圍的一棟2層高的小房子前。

「我臥病在床時，明明已指出這是一宗勒索案呀。怎會仍然一點進展也沒有呢？」福爾摩斯有點不滿地向李大猩和狐格森問道。

「不是一點進展也沒有啊。」狐格森慌忙說，「經過深入調查後，我們知道死者**賈米森**的真名叫**布蘭特**，以前是**倫敦皇家銀行**會計部的職員。」

「對！」李大猩補充道，「還有，他當年在銀行任職時，曾牽涉一宗**虧空公款案**。他最後雖然得以脫罪，但也沒法在銀行呆下去，只好辭職離開。」

「是嗎？是多少年前的事了？」

「15年前，當時他45歲，是**會計部**的高級職員。」狐格森說。

「那麼，他離開銀行後，靠甚麼維生？」華生插嘴問道。

「在幾家小公司當過會計，但由於手腳不太乾淨，在每一家都幹不長，很快就被辭退。」李大猩說，「他這幾年**居無定所**，生活相當潦倒，還涉及幾宗小騙案，但都是由於證據不足，沒有被檢控。」

「唔……」福爾摩斯抬頭看了看房子1樓上那扇緊閉着的**窗戶**，然後又轉過身去仰望着兩株比小房子還要高的大樹，若有所思地說，「他這幾年要靠**行騙度日**嗎？但半年前卻有錢租下這所房子，上個月還購進一部留聲機。這些都足以證明我的推論沒錯，他一定是向人勒索，最後招來**殺身之禍**。」

「是的，從他的背景及近況來看，你的推論確實沒錯。」狐格森點點頭說。

「對了，你們不是說過，死者的女傭帕羅特夫人曾提及死者本來滴酒不沾，但上個月卻**喝醉**回家嗎？」福爾摩斯問，「那麼，你們有沒有去他喝酒的地方查過一下？」

「哎呀，當然去過啦。」狐格森說，「我們走遍鎮上的酒吧，找到了一家他最近常去的，可惜的是，除了一個地名外，沒打聽到甚麼。」

「**地名？甚麼地名？**」福爾摩斯問。

「**奧克斯肖特**，酒保說死者曾兩次提及這個地方。不過，死者為何會提及它，那名酒保卻記不起來了。」

「唔……奧克斯肖特在倫敦市郊，是個清靜的小鎮。死者沒有甚麼朋友，卻兩次提及這個地方，為甚麼呢？」福爾摩斯沉吟。

「哎呀，只是一個**地名**罷了。我們先進去看看，再討論吧。」李大猩用鑰匙打開了小房子的大門，「地下是廚房和飯廳，擺設很簡樸，大概是因為房子是租來的吧，死者沒心思花錢去裝飾，我們也找不到有用的**線索**。」

「是嗎？」福爾摩斯跟着李大猩走進屋內，然後在廚房和飯廳走了一圈，從灶頭到地板都仔細地檢視了一遍。

「沒甚麼發現吧？」華生問。

「沒有。」福爾摩斯搖搖頭說，「確實沒甚麼值得注意的東西。」

於是，李大猩領頭，一行四人登上1樓，走進了兇案現場——**死者的卧室**。

華生看到，地上有一個用粉筆畫出來的人形，顯示死者**伏屍的位置**。此外，他立即也注意到，一台放在矮櫃上的**留聲機**。它在簡樸的陳設中，顯得格外突出，與整個房間並不協調。

福爾摩斯走到窗邊，說：「我記得你們說過，案發後這扇窗是緊閉着的。因此，你們就定性這是一宗**密室殺人事件**，對吧？」

「對呀！」李大猩應道，「除了那扇窗外，這卧室的門也是反鎖的。」

「是嗎？那麼，我們先看看窗户吧。」說完，福爾摩斯扳開窗下的**鎖扣**，把下半扇窗往上一拉，拉開一條縫後，再用雙手用力往上一推，就「**咔嚓**」一聲把半扇窗推到上面去了。

突然，福爾摩斯把托着窗子的手一縮，那扇窗急速墜下，「**啪噠**」一聲又關上了。

「明白了嗎？」福爾摩斯問。

「明白甚麼？」狐格森摸不着頭腦，「那扇

窗是壞了的呀，推上去後當然會自動掉下來啊。」

「對，女傭帕羅特夫人說那扇窗早已壞了，維修工人還沒空來修理罷了，沒甚麼好懷疑的啊。」李大猩說。

「嘿嘿嘿，是嗎？」福爾摩斯冷冷地一笑，指着窗子下方的鎖扣說，「這是彈簧式鎖扣，一按一拉就能把它解開，非常方便。不過，如果把窗推到上面後會自動掉下來的話，鎖扣在撞擊下就會彈開，然後又自行扣在窗底的扣座上了。」

「啊……」

華生想了想，恍然大悟地說，「我明白了！兇手可以在室內行兇後，推起窗子逃到外面去。由於被推起的窗子會掉下來自動扣上，看起來就像一個密室了。」

「沒錯，看起來像一個密室，但實際上卻不是一個密室。」

李大猩慌忙走到窗前，推起窗子探頭到外面看了看，說：「可是，這裏距離地面有十多呎高，兇手跳窗逃走的話，隨時會把腿也

摔斷啊。」

「對面有一株大樹，會不會躍到樹上去再逃走？」狐格森問。

「哎呀，那株大樹距離這扇窗也有十多呎，兇手又怎可能躍得那麼遠啊！」李大猩沒好氣地說。

「是的，跳下去會摔斷腿，躍到樹上又不可能，那麼，兇手是怎樣通過這扇窗逃脫的呢？」福爾摩斯皺起眉頭，陷入了沉思。

「咦？」這時，華生注意到牆上掛着一個月曆，就走過去翻了翻。

「我們已看過那月曆了，除了在3月那頁上寫着69.3D外，甚麼也沒有啊。」狐格森說。

「真的？」華生翻到3月那一頁，果然，在MARCH（3月）的

前面，用鉛筆寫着69.3D。

福爾摩斯聞言，連忙走過來把整個月曆翻看了一遍。不過，除了3月那一頁寫着69.3D外，其他月份的頁面乾乾淨淨的，甚麼也沒寫上。

「69.3D？如果是死者寫上去的話，那又代表甚麼意思呢？」福爾摩斯盯着月曆喃喃自語。

「只是一個數字罷了，不必作無謂的猜測啊。」狐格森說。

「唔……」福爾摩斯沉思片刻後，搖搖頭說，「算了，實在想不出有甚麼含意，我們再到處搜搜，看看能否發現甚麼線索吧。」

「不用了吧？」李大猩不以為然，「我和狐格森在這屋子內外搜過了好幾遍，甚麼也沒找到啊。」

「反正已來了，就讓我看看吧。」福爾摩斯說罷，就在卧室中搜查起來了。搜完了，他又到1樓的其他地方巨細無遺地搜了一遍。然而，這次卻真的是一無所獲。

「看！我不是說了嗎？一點有用的線索也沒有啊！」李大猩趁機挖苦，「這次你這位倫敦首屈一指的大偵探也不得不認輸吧？」

福爾摩斯笑了笑，卻毫不氣餒地說：「外面呢？還有外面未搜啊。」

「外面？」這次輪到狐格森不滿了，「我們早已搜過了呀！地上沒有可疑的鞋印，也沒有兇器之類的東西，沒有甚麼可搜的啊。」

福爾摩斯沒理會，他自顧自地下樓走到房子外面，低着頭在前院搜了一遍，又繞着房子仔細地看了兩遍，除了在房子前面的一株大樹的樹腳下看到些碎石外，仍是一無所獲。

「哈哈哈！」李大猩又挖苦道，「怎樣？甚麼也沒找到吧？這次我們的大偵探又輸了！」

「對，簡直就是輸得體無完膚呢！」狐格森也說。

「喂，福爾摩斯是來幫你們的，說話該客氣一點啊。」華生看不過眼。

「哼！誰叫他不信任我們！」李大猩噘了噘嘴說。

「對，是他先想我們**出醜**的！」狐格森說。

「可是——」華生仍想反駁，但福爾摩斯卻大手一揮，制止了他說下去。然後，他走到剛才看過的那株大樹下，一邊用放大鏡檢視着**樹幹**，一邊緩緩地繞着樹幹走了一圈。

「怎麼了？你在看甚麼？」華生問。

「看**樹皮**。」福爾摩斯指着樹幹的背面說，「你們看，樹皮有些被**磨損過的痕跡**呢。」

「是嗎？」李大猩和狐格森都緊張起來，慌忙趨前檢視。

果然，樹幹背面的樹皮上，有些像被**繩子**磨擦後留下的痕跡。而且，那些一條條呈弧形的痕跡彷似梯級似的一級一級往上走，直至走到一根**粗壯的樹枝**下才停止。

「為甚麼有這些痕跡呢？」李大猩摸不着頭腦。

「**攀樹**。」福爾摩斯說，「是用繩子攀樹留下來的痕跡。」

「用繩子攀樹？」狐格森並不明白。

「對。」福爾摩斯說着，一個轉身走回屋內。不一刻，他又拿着一條繩子走了回來。

「剛才在廚房看到這條繩子，正好用一下。」說完，福爾摩斯把繩子繞到樹幹後面，然後退後兩步，再把繩子圈到自己背後，並打了個**結**。

「喂，你想幹甚麼？」李大猩訝異。

「回答你的問題呀。」福爾摩斯狡黠地一笑，「你看着！」

說完，福爾摩斯雙手緊握着繩圈，只見他腰桿子往後一挫，「嗖」的一下拉緊了繩圈。然後，他右腿用力一伸，已踏在樹幹上了。接着，他的左腿往上一蹬，「**噠**」的一聲撐在樹幹上。這時，他利用繩圈的拉力，整個人已凌空撐在樹幹上了。

接着，他的腰桿子**一縮一挺**，把鬆開的繩圈在樹幹後往上**一拋一拉**，兩腿先後**一蹬一伸**，又往上攀上了一級。就是這樣，他重重複複地做着這一組動作，眨眼之間，已攀到一根粗壯的樹枝下了。

「**啊——**」華生和孖寶幹探不禁同聲驚歎，他們都沒料到福爾摩斯竟然擁有這種奇特的攀樹功夫。與此同時，他們亦知道樹幹上的那些痕跡，正是這種攀樹方法造成的。

「嘿！看來又有發現了！」福爾摩斯高聲說着，馬上掏出放大鏡往樹枝的下面看了又看。

「你看到了甚麼？」華生高聲問道。

「樹枝下面也有被繩子**磨擦過的痕跡**呢！」說着，福爾摩斯一個翻身躍到樹枝上，小心翼翼地抓住頭上的另一根樹枝站了起來。當他完全站直後，上面那根樹枝剛好橫攔在他的胸前。

「怎麼了？難道上面那根樹枝也有被繩子**磨擦過的痕跡**？」狐格森高聲問道。

「嘿！你猜得沒錯！」福爾摩斯一邊大聲回答，一邊用放大鏡在樹枝上仔細地檢視，「有一圈被繩子劇烈磨擦過的痕跡，看來有人曾用

繩子**綁過這根樹枝**呢！」

「是嗎？難道跟兇案有關？」華生高聲問。

「還不知道。」福爾摩斯說着，又往四周看了看。突然，他往對面**另一株樹上的樹枝**凝視了片刻。

「怎麼啦？」李大猩問。

「我明白了！」福爾摩斯興奮地叫了一聲後，把繩圈套回身上，轉眼間就攀下樹來。

「明白甚麼？」李大猩連忙衝前問道。

「稍等一下。」福爾摩斯說着，走到不遠處的那株樹下，像剛才利用繩圈那樣，迅即攀到他剛才凝視過的那根**樹枝**下面。

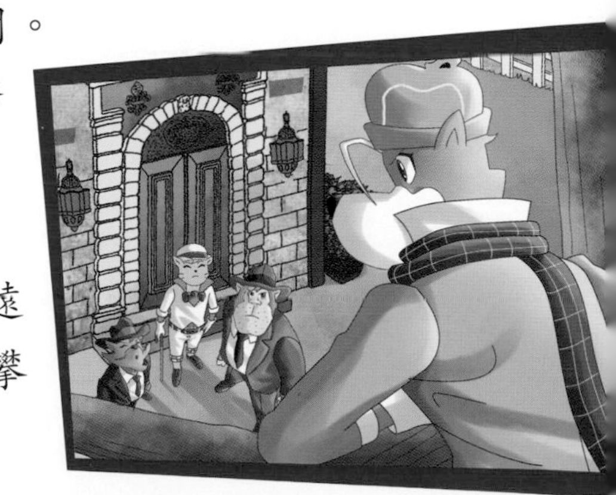

「怎樣？又有被繩子磨擦過的痕跡嗎？」狐格森大聲問。

「有！不過，這次的痕跡是在**樹枝的側面**！」福爾摩斯說完，看了看頭上的樹枝，又瞇起眼睛看了看兇案現場卧室的那扇**窗**。

「怎麼啦？不要賣關子了！有發現就告訴我們吧！」李大猩按捺不住地叫道。

「好！」福爾摩斯迅速攀下樹來。

「怎麼了？快說！」李大猩未讓福爾摩斯站穩，就急不及待問。

「你聽過**鐘擺原理**嗎？」福爾摩斯問。

「當然聽過，就是讓繩子吊着重物，由一邊擺去另一邊的原理吧。」

「沒錯，兇手行兇的方法就是這樣——」說着，福爾摩斯掏出筆記本，在上面畫出鐘擺行兇的方法。

❶首先，兇手在繩子的一端綁上重物放在地上，然後攀上甲樹，再把長長的繩子的一端綁在樹枝A上。

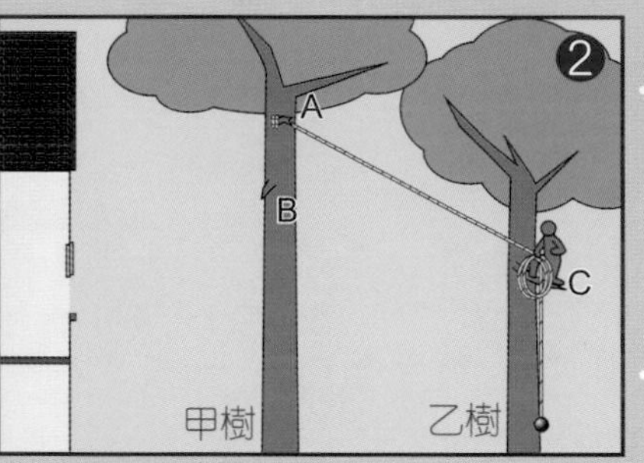

❷然後，兇手攀下樹來，握着繩子的中段攀上乙樹，並把重物拉到樹枝C上。這時，樹枝C的側面留下了被繩子磨擦過的痕跡。

❸接着，兇手拉直繩子，令綁着樹枝A的繩子跟樹枝C成一直線，然後剪去繩子多餘的部分，把剛拉上來的重物再綁在繩子末端，然後搭在樹枝C上備用。

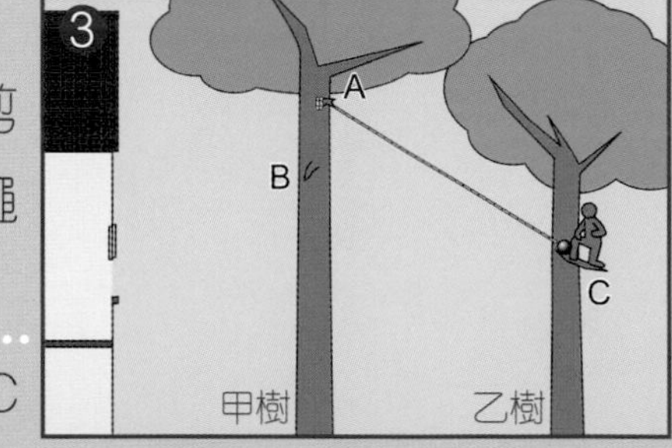

❹當布蘭特打開窗伸出頭來時，兇手就在樹枝C上放出重物。這時，重物會像鐘擺那樣，劃出一條弧形的軌跡撞向布蘭特的頭。

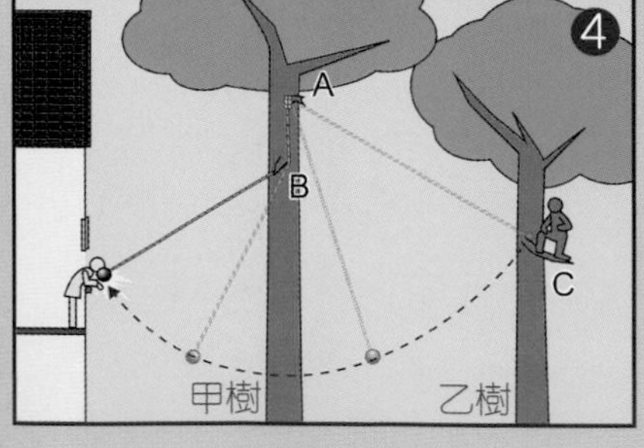

❺布蘭特被撞後，馬上向後倒下，並因頭骨爆裂和頸骨折斷而死亡。

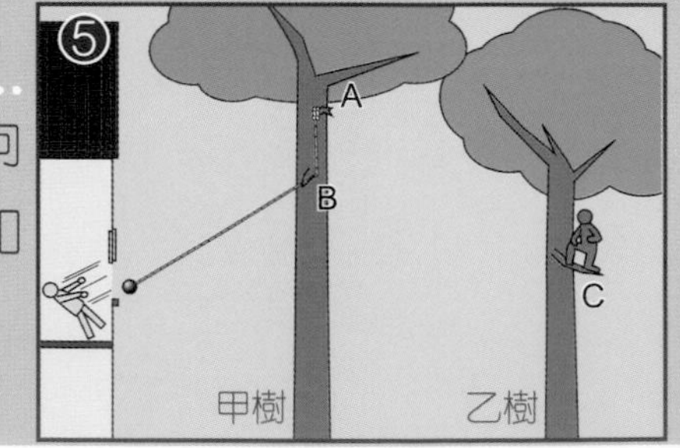

「啊！我明白了！」華生恍然大悟，「當布蘭特向後倒下時，被

推到上面的半扇窗**失去了支撐**，就會迅即墜下關上，製造出一宗密室殺人事件了！」

「沒錯，就是這樣。」福爾摩斯說。

「真的是這樣嗎？」狐格森不表同意，「你們沒看到**樹枝A**數呎之下還有一根**樹枝B**嗎？綁着重物的繩子盪過來時，會正好被**絆**了一下，那麼，它的衝力就會減弱，未必能撞到布蘭特的頭啊！」

福爾摩斯笑道：「你一定沒聽過**能量守恆定律**了。」

「能量守恆定律？那是甚麼？」狐格森問。

「詳細就不説了，你自己看看物理學的教科書吧。簡單來說，就是當讓重物在**樹枝C**盪下時，就算途中被**樹枝B**絆了一下，其衝力（能量）並不會減弱，直至盪至與樹枝C反方向的**同樣高度**後，才會下墜往回盪。」福爾摩斯解釋道，「我剛才在樹枝C上觀察過了，那扇窗與樹枝C差不多高，人伸出頭來的高度會比樹枝C矮。所以，重物由樹枝C盪去布蘭特的頭時，衝力仍然甚猛，被擊中後**足以致命**。」

「唔……」李大猩沉思片刻後問道，「那麼，綁在繩上的重物呢？那是甚麼？既然是重物，為免被人發現，兇手不會冒險抬來抬去吧？他一定會把它留在附近呀！」

「**對、對、對！重物呢？在哪裏？**」狐格森問。

「嘿嘿嘿……」福爾摩斯狡黠地一笑，「就放在樹下呀，你們沒發現嗎？」

「甚麼？放在樹下？哪裏？」李大猩和狐格森大吃一驚，慌忙走到兩株樹下團團轉，除了在甲樹下看到一些**碎石**外，甚麼也沒找到。

「除了些碎石外，甚麼也沒有呀！」

「就是那些**碎石**呀。」

「碎石？碎石怎會是重物？」

「一顆兩顆當然不重，但**集合**起來就很重了。」

「集合起來？」

「例如裝在**布袋**裏，就會變成一個足以致命的**石錘**了。」

「啊！」李大猩恍然大悟，「怪不得布蘭特被撞得頭骨爆裂了！」

「那兇手也實在太聰明了。」華生佩服地說。

「可是，就算知道兇手怎樣行兇，抓不到他也沒用啊！」狐格森說。

「是的。我們不如整理一下**思緒**，看看有沒有辦法從中找出兇手吧。」福爾摩斯說着，道出了以下線索。

①酒保說過，死者喝醉時曾兩次提過一個地名——奧克斯肖特。

②在**MARCH**（3月）那一頁的月曆上，寫着69.3D。

③兇手懂得以繩圈攀樹的絕技，顯示他可能曾經從事**林業工作**。

④兇手在兩株大樹上弄出一個**鐘擺式兇器**，證明他熟悉周圍環境。

⑤之前說過，死者可能因苛索過度惹禍，因此他與兇手是**認識**的。

⑥如兩人認識，兇手在行兇前一定搜過死者的房子，以確認屋內沒有可以追蹤到自己的線索。所以，我們搜遍了房子也一無所獲。

「不過……」福爾摩斯皺起眉頭呢喃，「簡單直接的殺人方法多的是，

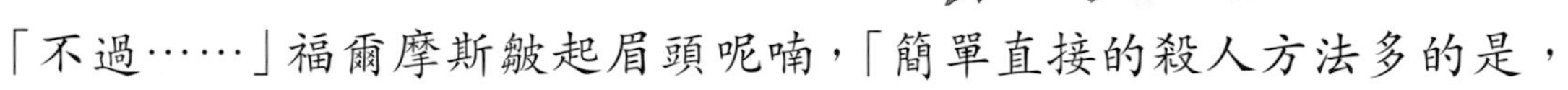

兇手為何要花那麼多工夫，去弄一個**鐘擺式兇器**來殺人呢？」

「是的，實在想不明白……」華生說。

四人帶着這個疑問，有點失望地離開了兇案現場。

「看來，在有用的線索中，只剩下奧克斯肖特這個地名了。」福爾摩斯回家後，馬上取出一本英國城鎮地圖冊來翻看，輕易就找到了這個小鎮的**地圖**。

「看地圖又有甚麼用，就算兇手住在這個

小鎮，也不可能知道他的**門牌地址**吧？」華生說。

福爾摩斯沒理會他，只是專心一致地用放大鏡逐吋逐吋地看起地圖來。

「你這**鍥而不捨**的精神實在令人敬佩，但就算地圖給你看出一個洞來，也只會徒勞無功吧？」

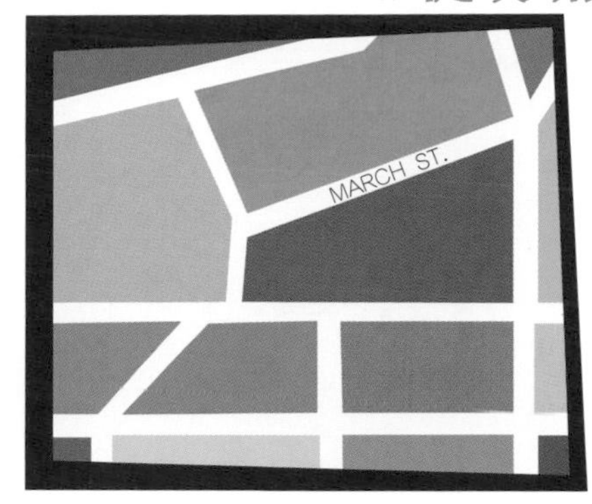

「唔？」突然，福爾摩斯眼前一亮。

「怎麼了？難道有發現？」華生不禁緊張起來。

「馬切街(MARCH STREET)，沒想到這個小鎮竟然有一條以月份命名的街！」

「甚麼？以月份命名的街？」華生赫然一驚，馬上想到兇案現場的那個月曆了。

「嘿嘿嘿……」福爾摩斯在沙發上坐下來，悠然地點燃煙斗笑道，「看來我這次是**一矢中的**，並沒有徒勞呢。」

「這次你又贏了！」華生佩服地說，「現在，只要破解69.3D的意思，說不定就能找到兇手的住所了。」

「對，**MARCH**是一條街道的話，寫在它前面的69.3D應該就是一個**門牌號碼**。」福爾摩斯輕輕地吐了一口煙，自問自答地說，「不過，門牌號碼不可能有小數呀？在小數點後的『3D』是甚麼意思呢？」

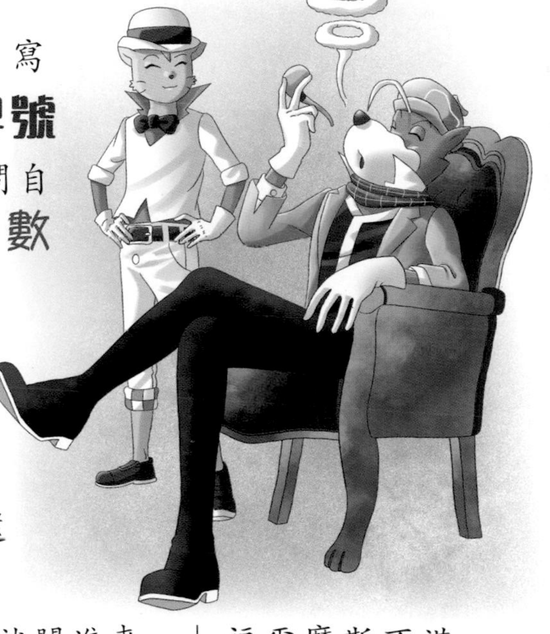

就在這時，大門被「砰」的一聲推開，愛麗絲興奮地走了進來叫道：「福爾摩斯先生、華生醫生，你們看！我這條新買的裙子好看嗎？」說着，還拉起裙襬轉了個圈。

「你怎麼變成小兔子了？連門也不敲就闖進來。」福爾摩斯不滿地說。

「哎呀，先看看我的裙子再罵吧。」愛麗絲又拉起裙襬轉了個圈。

「很漂亮呢。」華生讚道，「布料看來是上乘的，價錢一定很貴了。」

「哼，小女孩買這麼華麗的裙子幹嗎？亂花錢！」福爾摩斯擺出一副毫不欣賞的表情。

「甚麼亂花錢？服裝公司**打折**，比平時便宜了很多啊。」

「花了多少錢？」華生問。

「**3.5鎊**，很便宜吧？」愛麗絲摸了摸柔順的裙子說。

「那麼**原價**是多少？」華生又問。

「原價嗎？我忘了，總之在打**7折**後我付了3.5鎊。」

「哼，只懂得亂花錢，卻連原價也算不出來，太沒用了。」福爾摩斯**語帶不屑**地說。

「你算得出來嗎？」愛麗絲賭氣地反問。

「當然算得出，原價是5鎊——」福爾摩斯說到這裏**突然打住**。

謎題①：你知道福爾摩斯怎樣算出原價是5鎊嗎？請動動腦筋計算一下吧。（答案在p.38）

華生看到老搭檔神情有異，連忙問：「怎麼了？」

「**打折！原來69.3D是打折的意思！**」福爾摩斯驚呼。

「打折的意思？」華生並不明白。

「對！這肯定是布蘭特的**密碼**，他為了避免讓人知道他與勒索對象有任何關連，就用這個方式來記下對方的門牌號碼了！**D**即是**DISCOUNT**（打折），暗示69.3是打折後得出的數字，只要把它還原，不就能得出一個**整數**嗎？」福爾摩斯說着，連忙抓起一張紙，就在紙上計算起來。

「怎樣？得出結果了嗎？」華生緊張地問。

「得出了！共有4個答案！」

華生連忙湊過去看，只見紙上試算了多條數式，只有4條數式得出**整數**，它們分別是**693**、**231**、**99**和**77**。

「看來693、231、99和77都可能是兇手的

謎題②：你知道福爾摩斯怎樣算出這4個整數嗎？請動動腦筋計算一下吧。（答案在p.38）

門牌號碼！」福爾摩斯眼底閃過一下寒光，「只要我們去逐一看看，說不定就能找到兇手了！」

「甚麼**打折**呀**兇手**呀，你們在說甚麼呀？」愛麗絲氣得直跺腳，「我給你們看新買的裙子，你們卻在玩計數！實在太過分啦！」

福爾摩斯與華生沒空與愛麗絲糾纏，急急去找李大猩和狐格森一起趕到奧克斯肖特調查。不過，他們在當地一問，立即知道**馬切街**（MARCH STREET）的盡頭是**80號**。就是說，只有**77號**是真的。

為免打草驚蛇，四人與當地警方暗中進行了深入調查，很快就掌握了四個重要情報，並與已知的線索作出了對比：

四個重要情報

①居於馬切街77號的一家三口是兩年前從澳洲移居而來，屋主斯圖爾特·哈斯勒曾在澳洲從事林木業。

②但哈斯勒只是化名，他的真名叫約翰·馬修斯，年輕時曾在倫敦皇家銀行工作，後來移居澳洲十多年。不過，他與妻兒回流英國後，和以前的親戚朋友不相往來。

③他在倫敦皇家銀行工作時，曾因虧空公款入獄兩年，當時與死者布蘭特是同事。

④這半年來，他去銀行提款時，常常要求提取很多面額1英鎊的鈔票。

已知線索

懂得繩圈攀樹的絕技。

企圖隱藏自己不光彩的過去。

布蘭特的勒索對象。

布蘭特只使用1英鎊鈔票。

認定哈斯勒（馬修斯）是疑犯後，李大猩和狐格森馬上把他拘捕了。但哈斯勒死也不認罪，其妻也不相信他犯案，更表示丈夫**看到血也會昏倒**，又怎會殺人？不過，這句證詞反而成為了哈斯勒的**催命符**，解開了兇手為何大費周章，要運用**鐘擺原理**來行兇。因為只有這樣，他才可以在行兇時避開血腥的場面！

於是，福爾摩斯故意把哈斯勒拉去**認屍**，這一招令他隨即崩潰，還未進入殮房就招認了一切。

「我最後動了**殺機**，是因為不能忍受兒子一直受到欺凌……」哈斯勒說到這裏時，激動得全身劇烈地顫抖。

「是嗎？但這也不是殺人的理由啊！」福爾摩斯**嚴詞斥責**，但他想了想，又安慰道，「看來你難逃**伏法受誅**，你兒子的問題就由我來為你處理吧。」

數天後，**大肥貓**和他的幾個跟班上學時，遠遠看到小里奇母子兩人就害怕得**落荒而逃**了。

「媽媽？爸爸甚麼時候回家？」小里奇擔心地問。

「爸爸要到澳洲出差幾個月，你不用掛心。」吉娜強忍着內心的悲痛**撒了個謊**。

「媽媽……你知道有一個同學常欺負我嗎？」小里奇說，「不過，他最近好像**怕**了我似的，一看到我就掉頭走。」

「是嗎？」吉娜勉強地一笑，「他不是怕你，只是怕了一個人。」

「**怕了一個人？是誰？**」小里奇訝異地問。

「福爾摩斯，他的名字叫**夏洛克．福爾摩斯**。」吉娜有點精神恍惚地說。

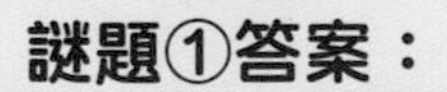

假設原價是X，那麼——

X × 0.7（7折）＝3.5

$X = \frac{3.5}{0.7_{(7折)}}$

X ＝ 5

謎題②答案：

只要當打折那樣，把69.3打1折、3折、7折和9折就行了。

69.3 ÷ 0.1＝693

69.3 ÷ 0.3＝231

69.3 ÷ 0.7＝99

69.3 ÷ 0.9＝77

2023香港書展《兒童的科學》攤位

我們將在會場推出多本新書，還會送出各種優惠和禮物，萬勿錯過！

今年特設兒童通道，讓你可從入口直上三樓「兒童天地」會場呢！

日期：7月19日至25日
地點：灣仔香港會議展覽中心

攤位：HALL 3 兒童天地 3D-D02

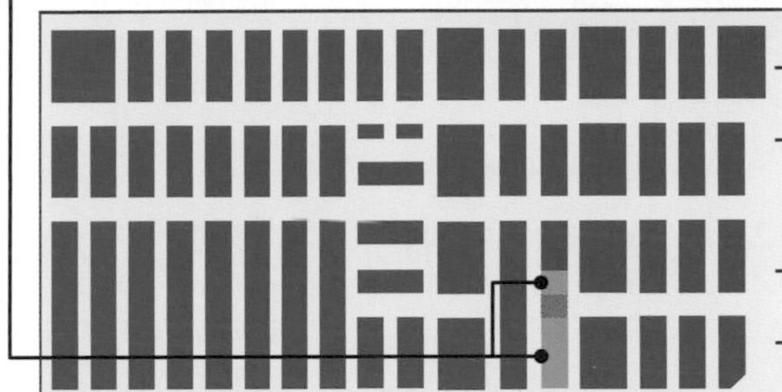

今年我們也在HALL 1設置攤位。記得來參觀啊！

HALL 1 綜合書刊館 1B-D02

Hall 1A
Hall 1B
Hall 1C
Hall 1D
Hall 1E

另外，我們將舉行網上書展！詳情請到本店網址 www.rightman.net 吧！

加價前最後召集！即場訂閱大優惠！

因應成本上漲，兒科將於9月調整訂閱費用。
所以大家要把握機會，以優惠價訂閱了！

凡於現場訂閱《兒童的科學》實踐教材版12期，即可獲贈大偵探7合1求生法寶或多款神秘書展限定訂閱禮物自選2份！（數量有限，送完即止。）

翻到下頁，看看更多優惠，還有推出甚麼新書吧！

《兒童的科學》第220期優先發售

原定於8月1日出版的第220期，將會提早於書展期間發售！

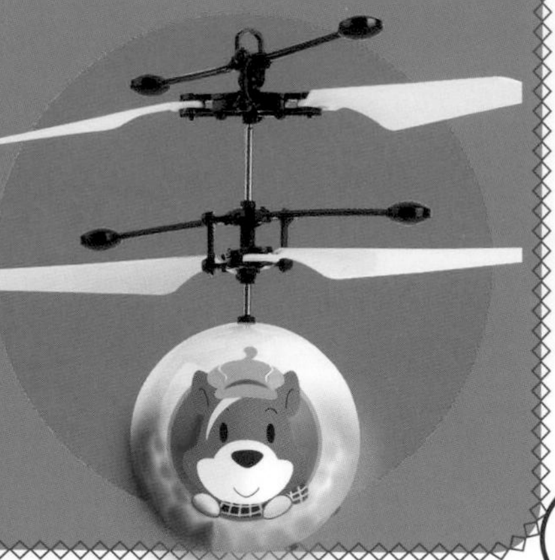

以優惠價補購《兒童的科學》過往期數

教材版（指定期數）
$150 / 3盒及
$200 / 3盒

普通版（不含教材）
（指定期數）
$120 / 6本

大偵探福爾摩斯系列

63 1英鎊謀殺案

老人於密室被殺，遺下一疊1英鎊鈔票，竟與其死因有關？大偵探深入兇案現場，揭開兇手出人意表的犯案手法和背後的一宗校園欺凌事件！

實戰推理⑧ 來自外星的殺意

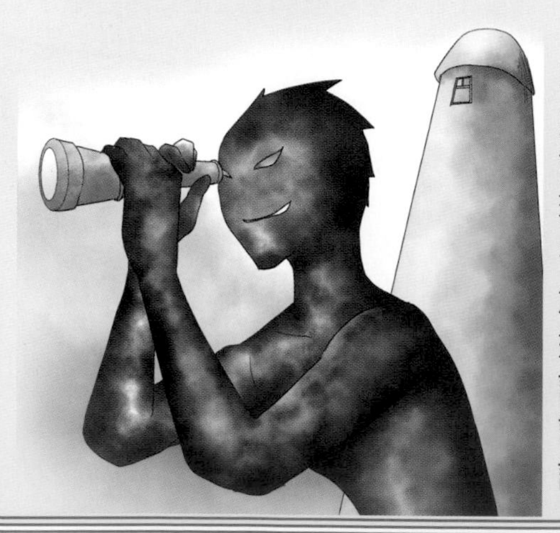

閃光與怪聲頻現，是外星人的作祟，還是某人的陰謀？且看夏洛克與猩仔如何破解！本書收錄2個有趣的解謎短篇故事。透過大偵探的提示，讀者也能一起解謎，提升推理與閱讀能力！

數學偵緝

④皇后號遇難記

郵船發生意外，眾人流落燃料不足的村落。為解決困境，大偵探與黑心商人周旋到底！另收錄布偶秘藏寶石、走私紅酒、羊駝失竊合共4個短篇故事。讀者可思考當中與數學相關的謎題，提升數學運算與邏輯思考的能力！

⑤貝格街221B的命案

華生與愛麗絲竟於221B寓所發現「屍體」，「兇手」更悄然步步逼近！究竟他們能否逃離魔掌？此外，福爾摩斯還會面對高利貸、郵票怪盜、巫婆與幽靈相關的案件。且看他如何靈活運用數學思維，一舉破解書內5宗疑案！

資料大全 2

福爾摩斯喜歡吃甚麼？有哪些與福爾摩斯齊名的偵探？如何改編出精彩的故事？福爾摩斯迷絕對不容錯過！

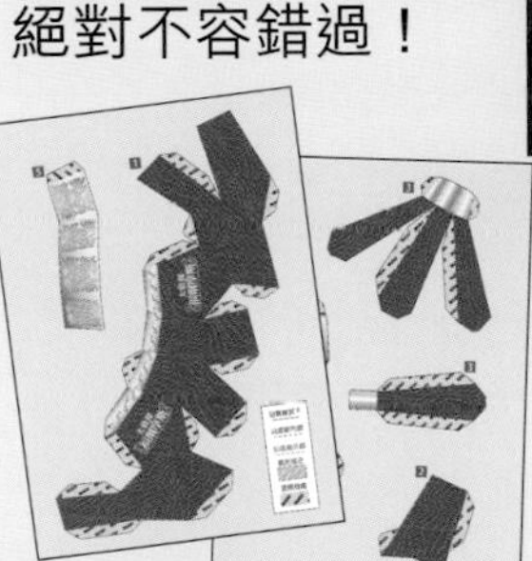

隨書附送
大偵探煙斗精美紙樣！

小說 名偵探柯南 CASE 11

赤井秀一緋紅色的回憶錄精選

狙擊手的極秘任務

在巴士脅持人質事件中，赤井首次登場！還有柯南收到黑衣組織寄來的神秘邀請信，這顯而易見的陷阱背後，柯南、FBI和黑衣組織各有甚麼盤算？

英文版

⑲美味的殺意

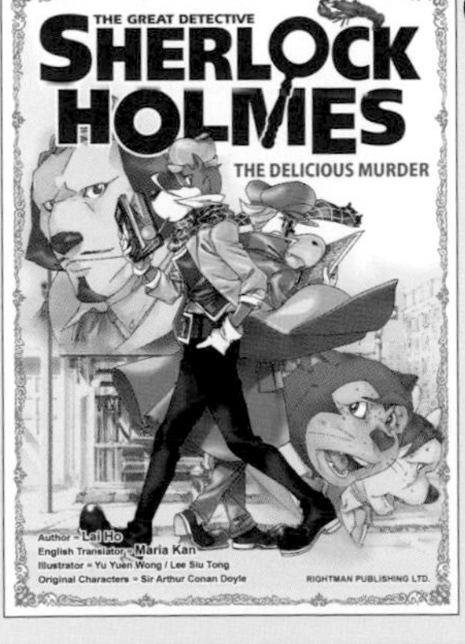

倫敦爆發大頭嬰疾患風波，奶品廠經理與化驗員相繼失蹤，究竟兩者有何關連？本書每頁底部均附有較深生字的中文解釋，令你讀得更清楚明白！

少女神探 愛麗絲與企鵝

⑳貓貓滿天

控制鏡子國時間的懷錶被盜，時間陷入大混亂！愛麗絲在追尋期間，竟遇上另一個自己？怪盜黑喵再次大顯神威！

冰河大探究①

冰河時期

老師，我們這次是考察北極的地理嗎？

不，我這次用時光機帶你到冰河時期的地球。

冰河時期是指地球表面長期處於低溫，受冰川覆蓋的一段時期。這種時期曾於地球多次出現，當中可分為寒冷的冰河期和溫暖的間冰期，兩者不斷交替，直至下個冰河時期到來。而我們現在正處於更新世的間冰期。

你能看出冰河時期的地貌與現在有何不同嗎？

現今地圖

冰河期（27000-18000 年前）地圖

陸地好像變大了？

陸地為何變大？

海水隨降雨到達陸地時就會結冰，於是海水少了，使海平面下降。同時埋於海洋的陸地版塊也顯露出來，如白令海峽變成了陸橋，成為人類及動物從歐亞大陸進入美洲大陸的惟一通道。

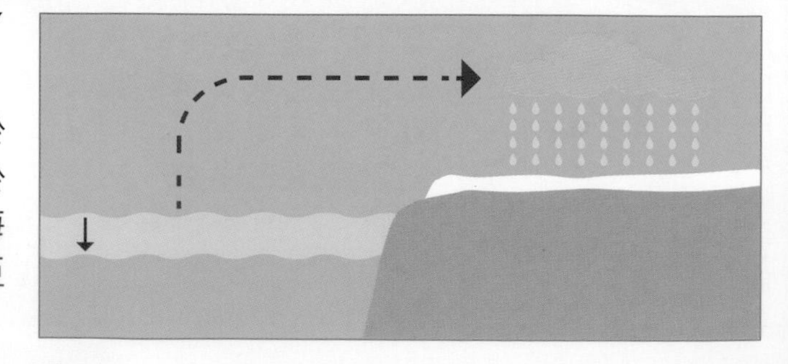

冰河時期的出現

天文學家米盧廷．米蘭科維奇（Milutin Milankovic）認為三個地球公轉軌道及軸心的周期變化，會影響地球所接收到的太陽熱量，從而影響地球溫度，形成冰河時期。此稱米蘭科維奇循環。

＊有關太陽對地球季節更替的影響，可參閱第 215 期「專輯」。

❶在其他行星的引力下，地球公轉軌道時而較接近橢圓，與太陽距離較遠，使地球較寒冷；時而較接近圓形，與太陽距離較近，使地球較溫暖。此變化的循環周期為 100000 年。

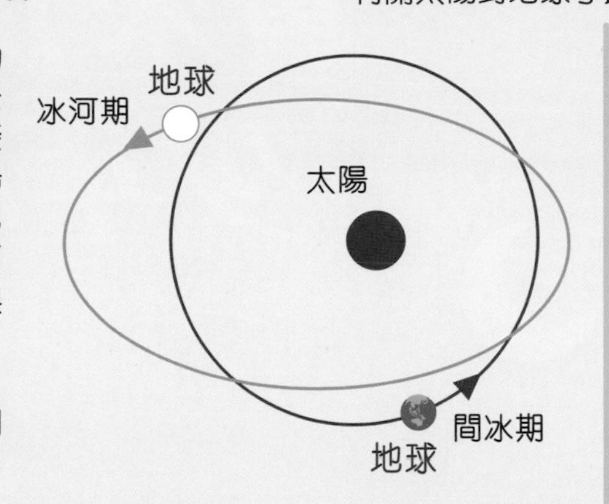

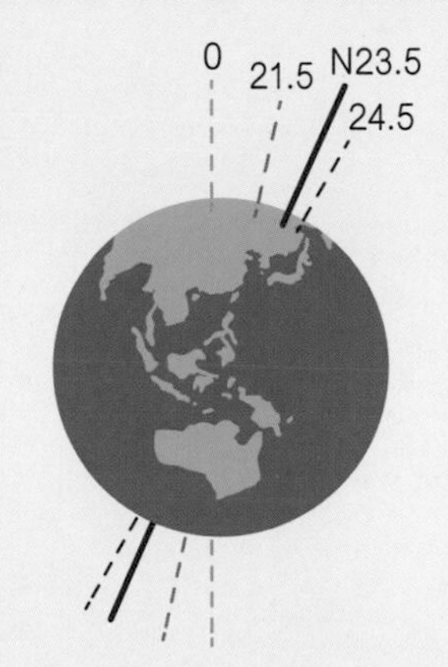

❷地球自轉軸會在 21.5°至 24.5°之間變化，影響不同緯度的地區接收到的太陽熱輻射。角度越大，北半球則越溫暖，反之亦然。此變化的循環周期為 41000 年。

❸地球自轉時，自轉軸會如陀螺般搖擺，影響不同緯度地區接收到的日照多寡，令氣溫出現偏差，此變化的循環周期為 25800 年。

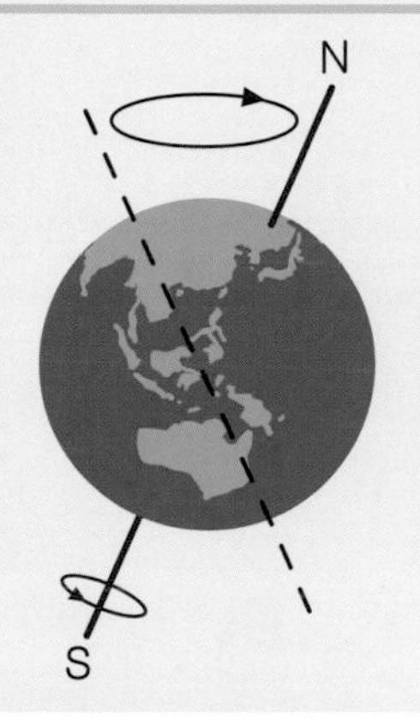

一般來說，冬天會使冰塊數量增加，夏季則相反，但以上三個周期變化使夏季的融冰速度變慢，令冰雪堆積。而冰塊增多則把更多陽光反射回太空，令地球進一步降溫。兩者形成循環，使冰河期出現。

冰河時期的物種

尼安德塔人：是現代人類的近親，居於天氣嚴寒的歐洲，因而演化出健壯的體格，並擁有大鼻腔以加溫及加濕外來的乾冷空氣。他們滅絕於 4 萬年前，部分人很可能是融入了現代人類。

►**劍齒虎**：生活於美洲的肉食動物，體重可達 270 公斤。牠擁有長達 17 厘米的長犬齒，藉其刺穿獵物的喉嚨及軟弱部位以造成致命打擊。科學家推測，劍齒虎居住於森林裏，靠伏擊食葉動物為生。

◄**長毛象**：約於 400 萬年前出現於非洲，再傳播至其他大陸的草食動物，其肩高可達 4.5 米。牠們擁有粗長的毛髮及厚厚的皮下脂肪。其向內彎曲的象牙不便攻擊，推測是用作清理積雪以尋找食物。

下期將會提到冰河如何塑造山川地貌，切勿錯過啊！

今期特稿

第33屆香港書展

從香港閱讀世界

童來悅讀少年時

年度主題「兒童及青少年文學」

今年書展將重點介紹多位香港兒童及青少年文學作家，包括阿濃、周蜜蜜、何紫、梁望峯、韋婭、孫慧玲、君比、潘明珠和潘金英。除展示與他們創作相關的展品外，亦會舉行多個講座，讓讀者從不同角度了解他們的文學世界。

嶺南瑰寶・絢麗探索

「文藝廊」將與香港書法家協會合作，展出名家的書法作品；並夥拍嶺藝會，展示嶺南畫派的繪畫。同時，大會將設專區介紹嶺南文化的代表性人物、中國傳奇武術家黃飛鴻的生平，讓大家更瞭解嶺南的武術和歷史。文藝廊亦會介紹並展出屬於非物質文化遺產的廣彩陶瓷，帶領讀者全方位了解及感受嶺南的風土人情。

嶄新展區：國際文化藝術廊

全新展區「國際文化藝術廊」將雲集世界各地的文化藝術作品，以輕鬆及有趣的「藝術廊」方式讓大家更深入認識自己及世界各地的文化。

第33屆香港書展將於7月19至25日灣仔會展舉行！今年書展以「童來悅讀少年時」為題，重點推廣「兒童及青少年文學」，寄望鼓勵年輕讀者透過閱讀，培養想像力和創造力，並激發對文學的興趣。同時，成年人可以重新探索他們的青少年時代，重新發現文學的魅力，更提供一個平台培養親子閱讀，讓家長陪伴孩子學習和成長。

八大主題講座 中外名家雲集書展

八大講座系列將繼續邀請各地作家出席分享。其中大會與《明報》及《亞洲週刊》合作，邀請來自兩岸及香港的作家出席名作家講座系列，部分親臨開講的作家包括：余華、馬伯庸、羅振宇、許知遠、陳春城、許子東、張隆溪、龐貝、黃山料、張翠容、黃裕舜、沈西城等。而英語及國際閱讀講座亦邀請了多位海外及本地英語作家，包括 Jane Houng, Jesse Q Sutanto 及 Mark O'Neill。其他講座系列包括世界視窗、兒童及青年閱讀、心靈勵志、寫意生活、本地文化歷史及年度主題講座系列。

兒童天地 名人講故事

兒童天地雲集各類益智書刊，更舉辦一系列親子活動，讓小朋友寓學習於娛樂。其中「名人講故事」系列，邀請到蔣怡、鄧明儀、陳美齡、李揚立之、陳凱韻、關心妍、曹敏莉及陳偉佳等各界知名人士為小朋友講故事及分享閱讀的心得。

第33屆香港書展

日期：2023年7月19至25日
地點：香港會議展覽中心
開放時間：
7月19至20日：上午10時至晚上10時
7月21至22日：上午10時至晚上11時
7月23至24日：上午10時至晚上10時
7月25日：上午9時至下午5時

門票詳情：
成人票：港幣$30
小童票：港幣$10
(小學生/身高1.2米或以下小童)
3歲或以下小童及65歲或以上長者免費進場
詳情請瀏覽網站：www.hkbookfair.com

一票三展：持書展門票人士可於同日參觀「香港運動消閒博覽」及「零食世界」

爬蟲地帶

爬蟲(?)大冒險！第三集

不是爬蟲

鳴謝：嶺南鍾榮光博士紀念中學

饅頭蛙(Common rain frog)

哇，好多我的同類！

對我來說應該是異類？

學名：*Breviceps adspersus*
原生地：非洲南部 | 成體身長：約 10cm | 主要食物：小昆蟲

這種青蛙又圓又胖，很像一個饅頭！牠們的四肢亦因其笨重體型，而顯得不成比例地短小，而且沒有彈跳能力，只能在地面慢慢爬行。牠們懂得用後肢掘開泥土，日間時會躲藏在泥土下，避開炎熱的地面，通常在下雨後的晚上才會爬出來覓食。

饅頭蛙是卵生的，但其卵並不會孵出蝌蚪，而是直接孵出細小的幼蛙。

青蛙的成長階段

一般可分成 4 個階段：

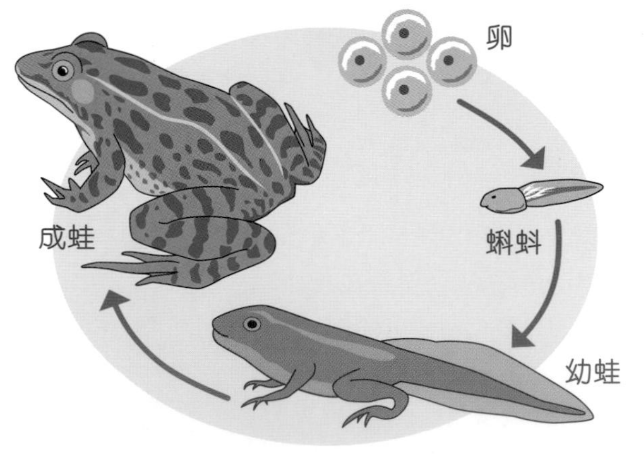

也有不少青蛙沒有蝌蚪階段，而是直接孵出幼蛙，饅頭蛙便是其中一種：

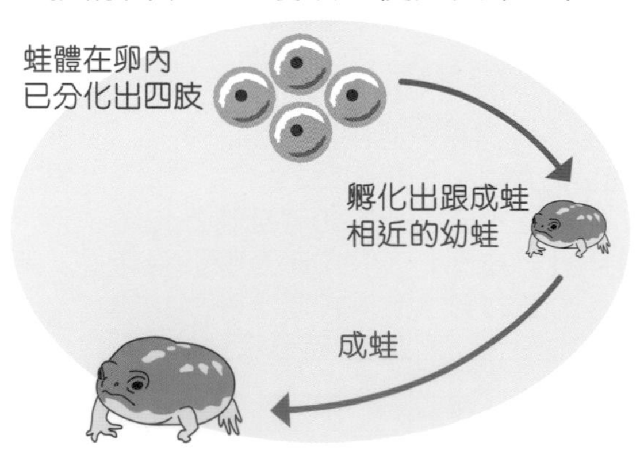

蛙體在卵內已分化出四肢
孵化出跟成蛙相近的幼蛙

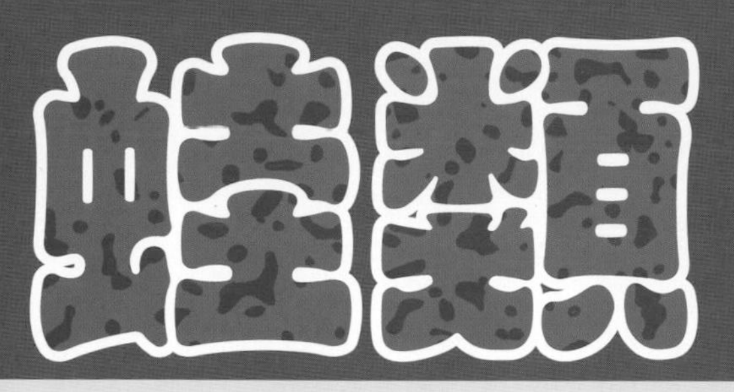

蛙類的體型跟一些小型爬蟲動物相若，彼此有許多相同的特性，而且不少動物園的爬蟲館都會飼養蛙類，容易令人誤以為牠們是爬蟲動物。

牛奶蛙(Amazon milk frog)

學名：*Trachycephalus resinifictrix*
原生地：亞馬遜雨林
成體身長：約 10cm
主要食物：小昆蟲

這種有迷彩花紋的樹蛙是夜行動物，主要居於雨林的樹冠層，離地可達 30 米。為了適應環境，牠們長有很大的腳掌，方便吸附於樹上，也可於樹上爬行及在樹間跳躍。遇到威脅時，牠們的皮膚會分泌一些像牛奶般的白色黏性物質，用來抵禦獵食者。

饅頭蛙和牛奶蛙都十分細小！

雨林分層

按照各種植物的生長高度，雨林可分成 5 層，每層適合不同的動植物生長。

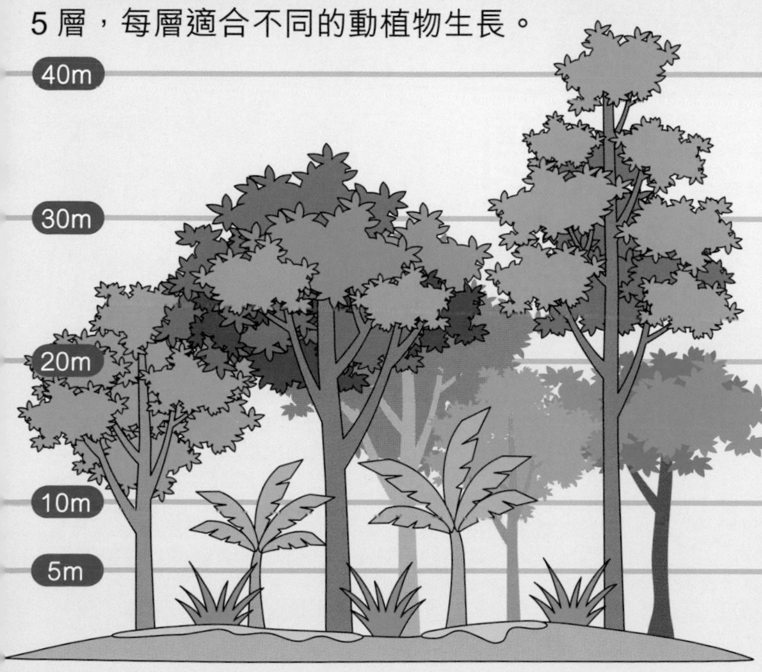

露生層
由雨林最高的樹木頂端組成，因此非常稀疏且枝條較幼，承重量不高，主要供飛行物種棲息。

樹冠層
此處植物非常濃密，幾乎擋掉所有陽光，並結出極多可供動物食用的果實，所以此層的物種數量比其他層豐富。

幼樹層
此處多為年幼樹木的樹冠，由於受樹冠層遮擋，所以幼年樹木只能獲取少量陽光。

矮樹層
主要由蕨類、叢木及灌木等矮小的植物組成。

地面層
此處幾乎沒有陽光，主要有苔蘚和地衣等需要極少光照的植物。枯葉腐爛及動物遺骸分解後，於地面形成一層有機物。

角蛙(South American horned frog)

學名：*Ceratophrys*（分 8 個品種）
原生地：南美洲
成體身長：約 18cm
主要食物：昆蟲、小型哺乳類動物（如老鼠）、魚、其他蛙類及爬蟲動物

角蛙比前兩者的體型較大，也較兇猛。牠們靜止不動，待獵物自己「送上門」。除了小昆蟲外，牠們也可吃稍大的動物，甚至連同類青蛙也不放過，因此須單獨飼養。

兩棲類及爬蟲類

這兩種動物有許多差異，例如爬蟲動物一出生便有肺部，而兩棲動物出生時通常長有腮，快成年時才會發展出肺部。爬蟲動物的蛋通常都有硬殼，兩棲動物的卵卻像啫喱般通透。另外，最明顯的差異是兩者的皮膚：

青蛙有濕潤的皮膚。

爬蟲則有乾硬的鱗片。

2023 ROBOFEST 機械人大賽
港澳勇奪 7 項國際賽項目冠軍！

鳴謝：香港機械人學院

來自 15 間香港及澳門中小學的同學在地區選拔賽勝出後，於 5 月 9 日至 16 日由香港機械人學院帶領，到美國底特律参與由美國勞倫斯理工大學舉辦的全球國際機械人大賽 ROBOFEST。他們在各比賽項目中，與來自全球包括美國、沙特阿拉伯、韓國、南非、墨西哥等不同國家及地區的同學一較高下，最終獲得 7 項冠軍、5 項亞軍及 5 個特別獎項的驕人成績！

◀香港機械人學院 Encanto 隊伍的作品同時兼顧機械人技術、魔法元素及觀眾互動，贏得「RoboArts 機械人藝術節」初級組冠軍之餘，也獲觀眾票選為「People's Choice Award」得主！

▲「RoboMed Senior 機械人醫療應用賽」亞軍由潮州會館中學的隊伍獲得！

▶同樣為創意元素較濃厚的「RoboParade 創意機械人巡遊」亞軍由聖保羅男女中學附屬小學的隊伍奪得。

▶同學於「BottleSumo 機械人相撲大賽」的表現亦非常好，初級組及高級組冠軍都由香港機械人學院的隊伍獲得。

暑假將至，大家玩得盡興之餘，
別忘了來書展支持兒科啊！

林詩晴

*給編輯部的話 求刊登!!!!!!!!!

你好！我很喜歡這期的教材很好玩！由於我有養魚，爸爸看到酸鹼紙時很高興，(他不用買😊)

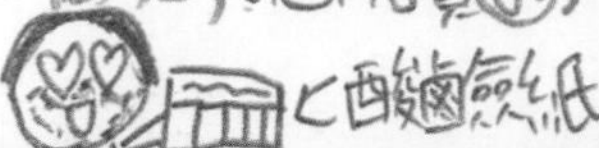

如果有養魚，今期教材的 pH 試紙可是十分實用呢！反過來說，若想用 pH 試紙做實驗，可到水族店購買啊！

鄭果

*給編輯部的話 (希望刊登) PS:天文教室的工程師來我學校說講座了!

今期的科學DIY真的很有趣啊！我們學校正好舉行STEM DAY，六年級正好項目是投石器，我用科學DIY做的更得了冠軍！

太好了！重力投石器跟彈力投石器不同，可避免隨着結構耗損而彈力日益減少的問題呢！

李卓禧

*給編輯部的話 希望刊登!!!兒科加油

我很喜歡今期的科學實驗室，我想問如果我將鹽換成糖會做出同樣的效果嗎？

如果溶液能爬上棉繩，也會有相似的結晶效果，可將鹽水改成飽和的糖水或糖漿來嘗試。

譚梓昕

*給編輯部的話

我要參加Mr.A補習班

慶祝兒科18歲生日！

希望刊登 請評分(1-10)

可是 Mr. A 只有數學科和商科勉強有用，其他科目就別指望他了。

電子問卷意見

蔡依雯 **我很喜歡這期的爬蟲大冒險！我最喜歡球蟒，牠竟然吃了老鼠！**

老鼠是牠們的主要獵物呢。牠們看起來有點可怕，但其實十分溫馴。

王思慇 **點解連華生都會計錯數嘅？**

華生先生不是計錯數，而是把還款誤看成欠款。可見他潛意識內的福爾摩斯只會欠錢，不會還錢！

其他意見

我最喜歡科學Q＆A「超級颱風」，因為見到風眼是怎樣。原來風眼是平靜的，很有趣。

張安逸

我很喜歡看〈兒童的科學〉，今期的爬蟲大冒險很有趣，令我知道原來有白色的蛇！

呂卓僑

大偵探福爾摩斯
巫婆的毒咒

「**砰**」的一聲響起，李大猩推開大門闖了進來，把正在福爾摩斯家中玩耍的小兔子撞得幾乎摔倒。

「李探員，看你**驚惶失措**似的，難道發生了甚麼大案？」坐在沙發上的福爾摩斯問道。

「大案？比大案更嚴重呀！」李大猩緊張地叫道，「我是體重**超過 250 磅**的警察，這次死定了！」

「此話何解？難道我們大英帝國又要裁員，先砍掉那些**好食懶飛**又**蠢如鹿豕**的傢伙，以免冗員太多嗎？」福爾摩斯挖苦道。

李大猩沒心情理會大偵探的譏諷，只是哭喪着臉說：「我上個月抓了一個**騙錢的巫婆**，她惱羞成怒，說會向我下**毒咒**，令我意外受傷！」

福爾摩斯斜眼看了看李大猩，沒好氣地說：「既然是騙錢的巫婆，又有甚麼好怕的，她一定是**故技重施**，只是出言來嚇嚇你罷了。」

「你說得對，我本來也是這樣想的。」李大猩驚恐地說，「不過，她當時還說，她已向蘇格蘭場的警察下**毒咒**，說這個月內必有**2 個**體重**超過 250 磅**的警察因意外受傷入院！」

「啊？難道真的有**2 個**體重超過 250 磅的蘇格蘭場警察意外受傷入院了？」小兔子好奇地問。

「是啊！上星期真的有**2 個**這體重的同僚意外受傷入院啊！」

「嘿。」福爾摩斯冷冷地一笑，「只是**巧合**而已，不必驚慌啊。」

「不是呀！」李大猩焦慮地叫道，

「那會這麼巧合，一定是她的毒咒**靈驗**了啊！」

「哇！好可怕！」小兔子**幸災樂禍**地叫道，「李大猩先生，那麼，你不是很快就會受傷？甚至有生命危險嗎？」

「嗚呀！我還未有女朋友，不想這麼快就死啊！」李大猩悲呼，看樣子快要哭出來了。

「不要哭，我會帶領全體少年偵探隊的隊員出席你的**喪禮**，再一起為你**默哀**的！請你安息吧。」小兔子說着，脫掉帽子向李大猩鞠了個躬。

「傻瓜！」福爾摩斯罵道，「人還未死，不准亂說話！況且，只是**2個**體重**超過250磅**的警察因傷入院罷了，一點也不稀奇啊。」

「不稀奇？2個也不稀奇嗎？」李大猩說，「難道要有第3個才稀奇嗎？」

「哇哇哇！你一定就是**第3個**了！」小兔子惟恐天下不亂地指着李大猩嚷道。

「哇呀！我……我像是第3個嗎？」李大猩被嚇得**臉無人色**。

「你……你的臉色……突然變得好**蒼白**啊！可能真的是……」

「這次我死定了！我死定了呀！」李大猩大叫大哭。

「不要胡鬧了！」福爾摩斯實在看不下去，只好大喝一聲叫停。

「**生死攸關**，怎會是胡鬧啊？」李大猩哭喪着問。

「對！對！對！」小兔子大聲附和，「**生死攸關！生死攸關**呀！」

「哎呀，算了、算了。」福爾摩斯只好搖搖頭說，「李大猩，你去倫敦市政廳的統計部把這個月市內的意外受傷個案全都拿來，我證明給你看，為甚麼那兩個警察因傷入院不稀奇吧。」

「啊！」李大猩獲救似的應道，「好！我馬上就去！」說完，他已一陣風似的奔下樓去了。

兩個小時後，李大猩匆匆忙忙地抱着一大疊文件跑了回來。可是，他正想交給福爾摩斯時，卻手一滑，「**砰啪**」一聲，那些文件全掉到福爾摩斯身上去。

「哇呀！」福爾摩斯驚呼，「你自己還未受傷，卻想用文件壓傷我嗎？」

「哎呀，對不起！」李大猩連忙道歉，「我只是太**緊張**了，你沒事吧？」

「唉，幸好這些文件不太重，只是壓痛了肚皮。」大偵探搓搓肚子，定一定神後，就拿起文件快速地翻了一下，並從中找出一份紀錄了市內居民**意外受傷**的**統計表**細看。

「怎樣？可以破解巫婆的毒咒嗎？」李大猩擔心地問。

「對！可以破解嗎？」仍未離開的小兔子也**多管閒事**地問。

「唔……」福爾摩斯看着統計表說，「這個月倫敦共有 **1000 人**意外受傷，有 **40 個**是體重超過 **250 磅**的人，當中有 **2 個**是蘇格蘭場警察。即是說，我們現在有 3 個數字，它們分別是 **1000**、**40** 和 **2**，三者的比例如下——」說着，他找來一張紙，然後在上面寫了以下 3 條數式。

① $40 \div 1000 \times 100\% = 4\%$

（全市意外受傷者中，體重超過 250 磅的傷者佔 **4%**）

② $2 \div 1000 \times 100\% = 0.2\%$

（全市意外受傷者中，體重超過 250 磅的蘇格蘭場警察佔 **0.2%**）

③ $2 \div 40 \times 100\% = 5\%$

（全市重 250 磅的意外受傷者中，蘇格蘭場警察佔 **5%**）

「從這 3 條數式可以看出，蘇格蘭場警察傷者佔體重 250 磅的市內意外受傷者中的 **5%**，比例雖然有點高，但也不算太離譜。在統計學的角度來說，這是頗為正常的。」福爾摩斯說。

「是嗎？」李大猩仍不太放心。

「此外，那兩個蘇格蘭場警察一個是**巡警**、一個是**緝毒人員**，前者在追捕賊人時摔傷，後者則因執行掃毒任務時被打傷，他們的工作本身就比較**危險**，佔比高一點也算正常呀。」福爾摩斯分析道，「所以，只是2個重250磅的蘇格蘭場警察意外受傷，就相信以為那個巫婆的毒咒靈驗，實在太**輕率**了。」

「原來如此。」李大猩恍然大悟。

「不過……」福爾摩斯從頭到腳打量了一下李大猩，**欲言又止**。

「怎麼了？」李大猩訝異地問，「你有甚麼想說？」

「不過，那個巫婆可能也有點道理。」福爾摩斯說着，又斜眼看了看李大猩的**大肚腩**。

「甚麼意思？」李大猩看到大偵探的眼神有異，不禁擔心地問。

「對！甚麼意思？」小兔子也插嘴問道。

「體重250磅是**過於肥胖**啊！」福爾摩斯說，「那兩個蘇格蘭場警察挺着大肚腩去幹危險的工作，一不小心就很容易受傷了。」

「啊……」李大猩摸了摸自己的**大肚腩**，面露驚恐的神色。

「呀！我明白了！那個巫婆是對的！」小兔子指着李大猩的肚腩說，「你挺着大肚腩去追兇的話，不是**心臟病發**就是**摔跤**，意外受傷的風險很高啊！」

「那……那怎辦？」李大猩求助似的望着我們的大偵探。

「這個嘛……」福爾摩斯狡黠地一笑，「你一日三餐減至**一日一餐**，而且每餐只**吃菜**，不吃肉和炸薯條。然後，每天急步**跑20哩**。這樣的話，很快可以減去肚腩了。」

「甚麼？每天一餐，不吃肉和炸薯條？還要跑20哩？」李大猩哭喪着臉說，「實在太**苛刻**、太**慘無人道**啊！」

「嫌苛刻的話，那位巫婆的**毒咒**一定會**應驗**啊！你不怕嗎？」

「對！一定會**應驗**！寧可信其有，不可信其無啊！」小兔子興奮地叫道。

「哇呀！我不想聽呀！」李大猩一腳踢開大門，像逃似的急急地奔下樓去消失了。

一個月後，李大猩又**神經兮兮**地來到貝格街221B，他一見到福爾摩斯就喊道：「不得了！那個巫婆的毒咒真的很厲害啊！」

「又怎麼了？」福爾摩斯問。

「對，又怎麼了？」剛好來串門子的小兔子也問。

「她後來又向蘇格蘭場總部對面的醫院下了**毒咒**，説會令當中**數以十計**的病人病情惡化，而且，他們全都是**紀律部隊人員**！」

「難道她的毒咒應驗了？」福爾摩斯緊張地問。

「應驗了！」李大猩傷心地説，「上個月果然有**10多個**病人危殆，他們確實全部都是紀律部隊人員啊！」

「啊……」福爾摩斯啞然，「那個巫婆真的那麼**厲害**？不可能吧？」

「哎呀！事實擺在眼前，不由你不信啊！」李大猩説。

福爾摩斯想了想，充滿疑惑地問：「你剛才説是蘇格蘭場總部對面的那間**醫院**嗎？」

「是呀。」

「如果我病了，可以去那裏看病嗎？」

「不可以。」

「為甚麼？」

「那是一間只收容**紀律部隊人員**的醫院，你當然不可以去看病啦！」

聞言，福爾摩斯和小兔子**不約而同**地兩腿一歪，「啪嗟」一聲倒在地上，氣得昏過去了。

難題：
為甚麼福爾摩斯和小兔子聽到李大猩的回答，會氣得馬上昏倒在地呢？你知道箇中原因嗎？

答案

巫婆的毒咒指，蘇格蘭場總部對面的醫院的病人中，會有數以十計的紀律部隊人員危殆。結果，她的預言應驗了。不過，那是一間專門收容紀律部隊人員的醫院，她的預言一定會應驗呀。李大猩連這個邏輯也不明白，福爾摩斯和小兔子又怎會不被氣得當場昏倒呢？

福爾摩斯的數學小知識

【百分數】

百分數（符號為 %）是以 100 為分母來表示比率數值的方法。

如 1% 就代表百分之一，又可寫作 1/100 或 0.01。

本故事中，全市有 1000 名意外受傷者，當中體重超過 250 磅的傷者有 40 人，那麼他們佔全市意外受傷者的百分率就是 4% 了。

40 人 ÷ 1000 人 × 100% ＝ 4%

一邊看小說，一邊學數學！

大偵探福爾摩斯 數學偵緝系列

④ 皇后號遇難記

福爾摩斯與華生等人乘搭郵輪「皇后號」出遊，卻遇上事故，被逼在一個小島暫宿。由於旅客眾多，島上燃料不敷應用，於是他們到當地的燃油公司買油。豈料公司老闆坐地起價，還以複雜數學問題刁難，究竟大偵探能否成功破解？

數以百計的油罐共有3種不同的容量，究竟要如何平均分配到20多艘船上呢？

本書還收錄布偶秘藏寶石、走私紅酒、羊駝失竊合共4個短篇故事，當中加入多個與數學相關的謎題。大家看故事之餘，也能動動腦筋，提升數學運算與邏輯思考的能力呢！

⑤ 貝格街 221B 的命案

華生與愛麗絲回到貝格街221號B的寓所，赫然發現一具「屍體」躺在地上，頓時大驚失色。就在二人上前查看之際，「兇手」已悄然步步逼近！

此外，福爾摩斯還會面對高利貸、郵票怪盜、巫婆與幽靈相關的案件，且看他如何靈活運用數學思維，一舉破解書內 5 宗疑案！

7月書展同步出版！

KC天文教室 天文 日食知多少(1)

梁淦章工程師
香港天文學會
太空歷奇

上期提到掩星現象，其實日食也是一種掩星現象：月球遮掩太陽。

今年 4 月 20 日在香港出現的日偏食因天氣不佳，亦因被掩食的部分極少，可能沒多少人成功看到。現在我們先重溫日食的知識，再耐心等待下次日食吧！

⚠以肉眼觀測太陽十分危險！若在沒有合資格的天文導師指導和使用合規格的太陽濾鏡情況下，觀測太陽，可引致眼睛受損，甚至失明！

日食的成因

當月球運行至太陽和地球之間，三者剛好排成一條直線，就會發生日食。月球一個月環繞地球一周，為甚麼不是每個月都出現一次日食呢？原因是月球繞地球的軌道和地球繞太陽的軌道不是在同一個平面上，兩個軌道平面之間有 5° 的夾角，導致每年只有某些特定時刻，太陽、月球和地球三者才會在黃道面上排成一直線，出現日食。地球每年出現日食至少兩次，可多至五次。

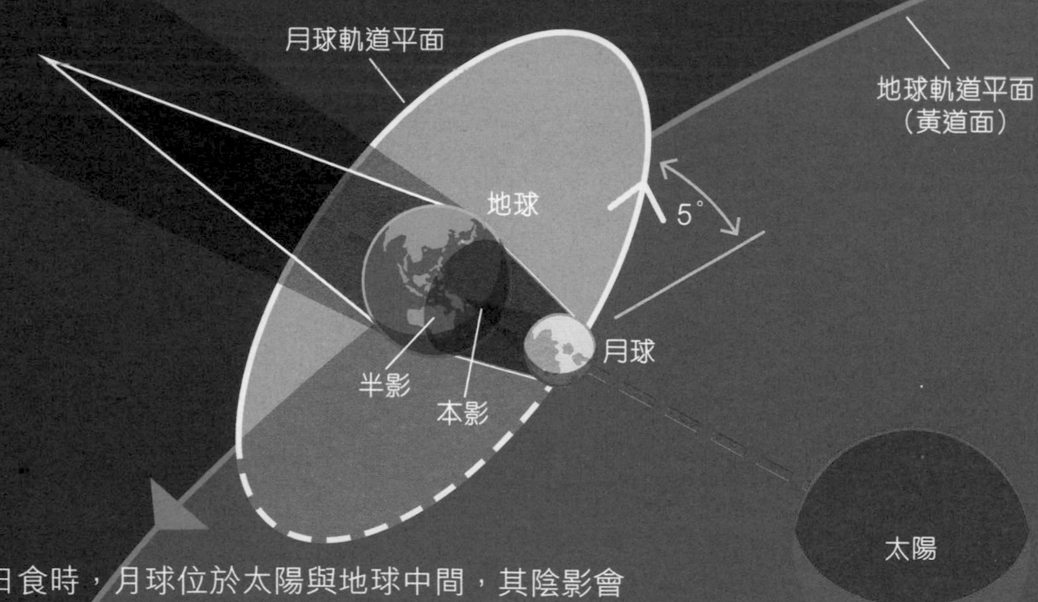

日食時，月球位於太陽與地球中間，其陰影會掃過地面，人們在月影區域就能看到日食。

地球與月球之間的深黑色陰影是月球的本影區，這範圍內的陽光被月球完全遮擋，故此身處本影錐就可看到日全食。本影以外較淺色的是月球的半影區，身處此區域內只能看到日偏食。

日食只可能發生於「新月」期間，但因左頁提到兩個軌道平面形成的5°夾角，故不是每月的新月都會出現日食。

「新月」是月相之一，而月相就是月球繞地球運轉時，人們每月所見的月面周期盈虧變化。

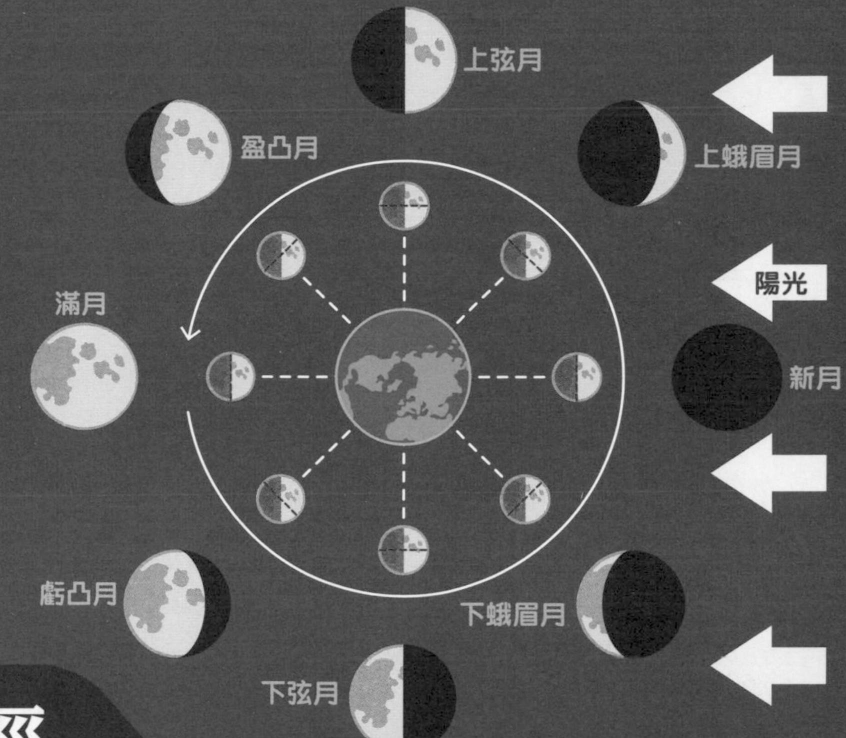

日食的路徑

日食時，本影由西向東快速掃過地面，形成一條通常約 100-160 公里寬的狹窄日全食帶。半影範圍的寬度則大得多，達 7000 公里以上。

月球軌道
日全食帶
半影區域
本影區域
陽光

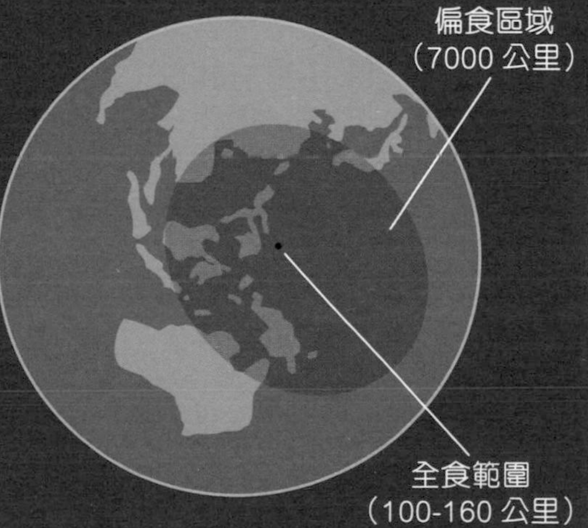

下期將會講解不同種類的日食，記住不要錯過啊！

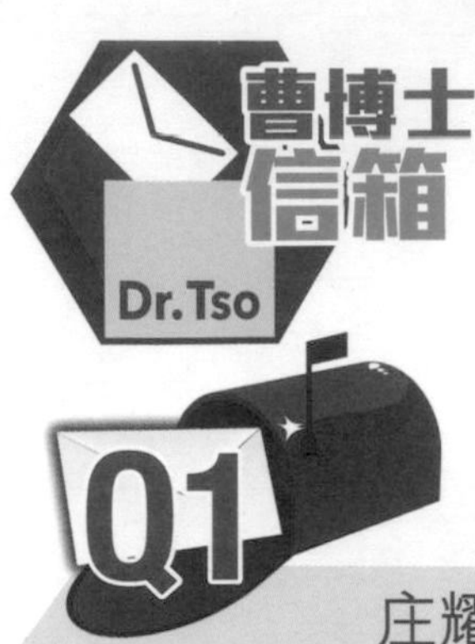

為甚麼AED可以救人？

Q1

庄耀翔

你所説的 AED（Automated External Defibrillator）是「自動心臟除顫器」的英文簡稱。這種裝置是在救護車到達前，用來為心臟停止的人即場急救，以減少因失救而喪生的機會。AED 的救生原理與心臟的泵血功能有關。

心臟的作用是不斷將新鮮血液泵往全身。鮮血沿大動脈走向身體各個尖端，然後沿靜脈返回心臟。它靠的是心臟肌肉有規律地收縮及放鬆，一下一下地輸血。

心臟之所以能收縮及放鬆，是因為它的組織細胞受一些專門產生電流訊號的細胞操縱。每次心臟肌肉受到電流激發就會收縮，電流消失時就放鬆。此電流訊號的週期性規律，就叫心律。

心臟結構

血液流動方向
肌肉收縮方向

往肺部
大動脈
往身體各處
往肺部
肺動脈
上腔靜脈
肺靜脈
左心房
肺靜脈
右心房
左心室
右心室
下腔靜脈
心肌

受到電流刺激時，心房及心室的心肌互相配合，在不同的時間點向內收縮而產生壓力，從而將心房或心室的血擠往下一個目的地。

血液的心臟旅程

❶經腔靜脈返回心臟的右心房
❷由右心房被泵到右心室
❸由右心室被泵往肺部
❹經肺部來到左心房
❺由左心房被泵到左心室
❻從左心室被泵向大動脈並前往身體各部分

一般急救情況中，如果病人的脈搏停止或接近停止，必須盡快開始施行心肺復甦法（CPR）。此時若有 AED 可用，便可迅速為病人檢查心律（由 AED 自動執行，因此不需要公眾人士具備專門醫學知識），並在有需要時電擊心臟（同樣由 AED 自動執行），試圖令心律回復正常，避免失救。每延遲 1 分鐘才開始急救，病人的生存機會就會下降 7% 至 10%。

AED 裝置附有語音説明，簡單指示使用者該如何使用，方便非專業醫務人員參與拯救生命。若要施行有效的急救，最好當然是接受過急救訓練。香港聖約翰救護機構、香港紅十字會、職業安全健康局及醫療輔助隊都有開辦急救課程讓公眾人士參加。為了提高香港的社會文明，我們也鼓勵適齡人士參加學習，增長知識，提升公益。

為鼓勵讀者多思考多發問，編輯部將向被選中刊登問題的讀者寄出紀念品一份！

科學Q&A
第一百四十七話　人工的味道
漫畫◎李少棠　上色協力◎周嘉詠
劇本◎《兒童的科學》創作組
真難喝！
又說是天然成分，怎麼完全沒味道的！
那不就比人工味道差嗎？
不喝了！
看來你們對味道認識不足，不如到一個地方了解吧！
嘿嘿……

這裏是
新開業的
宇宙糖果村！
但這裏一點糖果的
感覺都沒有啊？
這些是
甚麼符號？
SO3Na
N=N
COONa
HO
N
HO
I
I
O
I
COONa
這些
就是
味道呢！
這是味道？

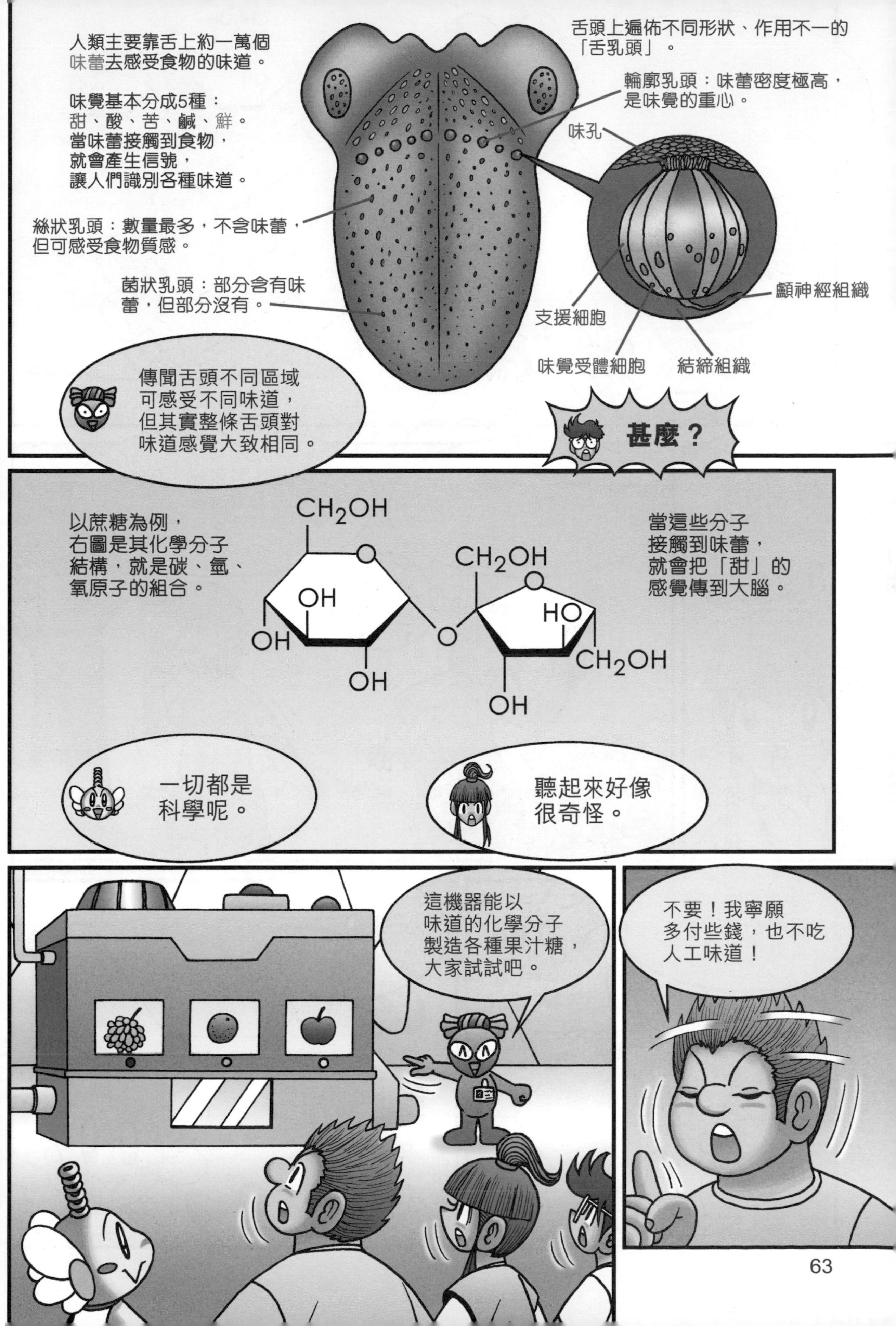
人類主要靠舌上約一萬個
味蕾去感受食物的味道。
味覺基本分成5種：
甜、酸、苦、鹹、鮮。
當味蕾接觸到食物，
就會產生信號，
讓人們識別各種味道。
舌頭上遍佈不同形狀、作用不一的「舌乳頭」。
輪廓乳頭：味蕾密度極高，是味覺的重心。
味孔
絲狀乳頭：數量最多，不含味蕾，但可感受食物質感。
菌狀乳頭：部分含有味蕾，但部分沒有。
顱神經組織
支援細胞
味覺受體細胞
結締組織
傳聞舌頭不同區域可感受不同味道，但其實整條舌頭對味道感覺大致相同。
甚麼？
以蔗糖為例，右圖是其化學分子結構，就是碳、氫、氧原子的組合。
CH2OH
O
OH
OH
OH
O
CH2OH
O
HO
CH2OH
OH
當這些分子接觸到味蕾，就會把「甜」的感覺傳到大腦。
一切都是科學呢。
聽起來好像很奇怪。
這機器能以味道的化學分子製造各種果汁糖，大家試試吧。
不要！我寧願多付些錢，也不吃人工味道！

單從舌頭感受到的味道
來說，甘蔗的天然物質，
與人工製造的甜品物質，
根本沒多大分別。
CH_2OH
OH
OH
OH
O
CH_2OH
HO
CH_2OH
OH
不是吧？
對了！為何
我們能感受
到味道的？
味道是人類
判斷食物能否食用
的生存本能。
例如難吃的苦澀味、臭味
是食物有毒或腐爛的警告，
美味的食物則吸引我們多吃。
難怪太剛
煮的食物難吃，
原來是有毒。
你說甚麼？
那麼人工味道
又是怎樣製造
出來的？

首先，若要找出目標味道，
就須分析天然食物。

再把食物變成液體和氣體，
以便用「氣相層析法」分析。

味道物質會在幼管中溶解揮發，
再透過機器解析當中成分。

電腦選取出濃度最高的成分，
那就是食物的主要味道。

移除雜質後，
就得到人工味道的結構。

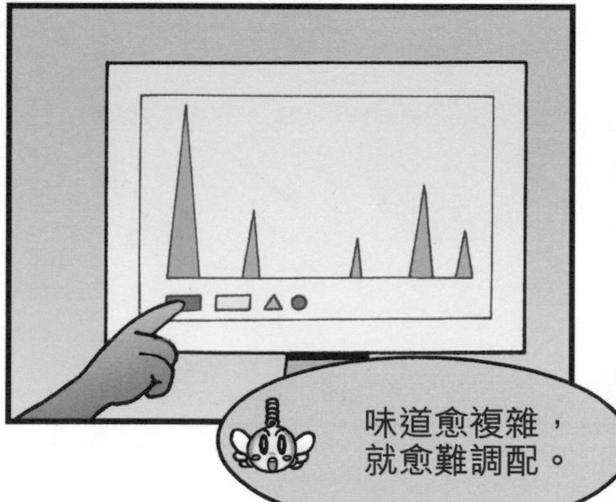

最後以成品及原本的天然成分
進行盲測，若結果難以分辨，
人工味道即告完成。

話雖如此，
還是天然味道
較好吧？
不如試食來
比較一下。
100%
天然果汁
10%
果汁

100%
天然果汁
當然是
試這款！

咦？
這麼淡的？
一點也
不甜啊！

食物在烹調
或加工時，
會損失或改變
一些味道成分。

加入人工調味，非但
不影響品質，反而可能
令食物風味更佳！

那就試試吧。
10%
果汁
真的很濃郁！
很美味！
這是草莓味？
一點也不像的？
因在水果中，
草莓的味道較特別。
特別？

它混合了甜與苦兩種
味道分子，只是與果實
分離後就很快揮發，
所以很難抽取……
大家快來買美味的
雲呢拿雪糕！

Mr. A？
你怎會在
這裏開店？
糖果村風行
太空社交平台，
我怎會錯過這
大好商機！
快試試，
保證香味
十足！
不知又是
甚麼黑心
食品。
賣相不錯嘛，
一試無妨！
你真的
要試？
很美味呀！
雲呢拿味
十分濃郁呢！

既然大剛
這麼説，那就
試試吧……

真的很美味！
看來沒有
古怪的材料！

對了，雲呢拿
是甚麼來的？

雲呢拿是一種
蘭花植物，
原產於墨西哥。
其果實是製作
雲呢拿香料的
主要材料。

雲呢拿的豆莢本身沒味道，
須經過發酵、烘焙等繁複工序，
才散發出我們熟悉的香甜味道。
整個加工程序
足足需時半年呢。

追加10個
雪糕！
好的！
到底
雲呢拿是
怎樣的？

咦？

小Q！
大件事了！

Mr. A果然在製造黑心食品！
甚麼？

那就要立刻調查！
絕不能放過他，我來開路！
你們怎麼了？

走開！
就是這裏！
呀！
砰！

竟用膠樽做雪糕，太過分了！

沒問題，繼續
吃雪糕吧。
怎會這樣？
Mr. A的雪糕並無
超標的有害物質。
怎可能！
那是膠樽啊！

雲呢拿的用途廣泛，
除了甜品，還可製造
化妝品、香水等。

只是雲呢拿產量不多，
加工需時，根本
追不上需求。

所以市面
99%的雲呢拿
產品，都是以
人工雲呢拿
製作的。
那麼原料
是甚麼？

有丁香油、木材，甚至石油。
石油？

對！近年科學家甚至研究出用塑膠廢料製成雲呢拿的方法。
塑膠？

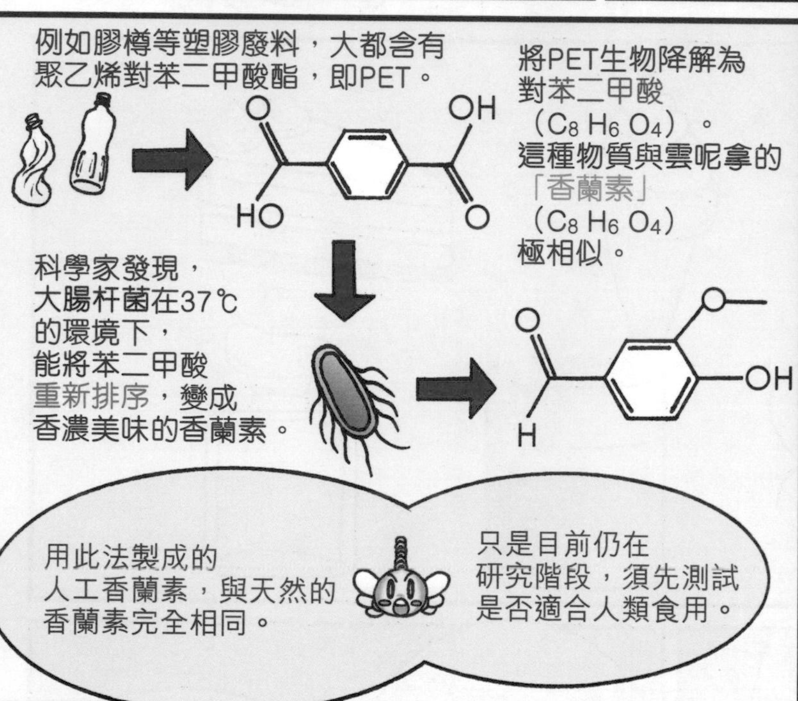
例如膠樽等塑膠廢料，大都含有聚乙烯對苯二甲酸酯，即PET。
將PET生物降解為對苯二甲酸（$C_8H_6O_4$）。這種物質與雲呢拿的「香蘭素」（$C_8H_6O_4$）極相似。
O
OH
HO
O
科學家發現，大腸杆菌在37℃的環境下，能將苯二甲酸重新排序，變成香濃美味的香蘭素。
O
OH
H
用此法製成的人工香蘭素，與天然的香蘭素完全相同。
只是目前仍在研究階段，須先測試是否適合人類食用。

太神奇了！
這樣還能循環再用塑膠。
可吃的塑膠雪糕，很厲害啊！

在味道上，人工味道與天然成分分別不大。
不過食物加工過程會影響其營養，所以考慮味道時，也須注意飲食健康。

發、發生甚麼事？我又被捕了嗎？

～完～

兒童的科學 NO.219

請貼上
HK$2.2郵票
（只供香港讀者使用）

香港柴灣祥利街9號
祥利工業大廈2樓A室
兒童的科學 編輯部收

有科學疑問或有意見、
想參加開心禮物屋，
請填妥問卷，寄給我們！

大家可用
電子問卷方式遞交

▼請沿虛線向內摺

請在空格內「✔」出你的選擇。

我購買的版本為：01☐實踐教材版 02☐普通版

＊給編輯部的話

＊開心禮物屋： 我選擇的禮物編號

＊我的科學疑難/我的天文問題：

＊本刊有機會刊登上述內容以及填寫者的姓名。

有關今期內容

Q1：今期主題：「空氣流動知識大探索」

03☐非常喜歡 04☐喜歡 05☐一般 06☐不喜歡 07☐非常不喜歡

Q2：今期教材：「簡易風速計」

08☐非常喜歡 09☐喜歡 10☐一般 11☐不喜歡 12☐非常不喜歡

Q3：你覺得今期「簡易風速計」容易組裝嗎？

13☐很容易 14☐容易 15☐一般 16☐困難

17☐很困難（困難之處：＿＿＿＿＿＿＿＿＿＿） 18☐沒有教材

Q4：你有做今期的勞作和實驗嗎？

19☐太空飛機 20☐實驗1：生鏽實驗 21☐實驗2：除鏽實驗

請沿實線剪下

請沿實線剪下

問　卷

請以膠水封口

請以膠水封口

讀者檔案

#必須提供

#姓名：	男 女	年齡：	班級：
就讀學校：			
#居住地址：			
	#聯絡電話：		

你是否同意，本公司將你上述個人資料，只限用作傳送《兒童的科學》及本公司其他書刊資料給你？（請刪去不適用者）

同意/不同意 簽署：________________ 日期：________年____月____日

（有關詳情請查看封底裏之「收集個人資料聲明」）

讀者意見

A 科學實踐專輯：風之飛行課
B 海豚哥哥自然教室：火焰蜻蜓
C 科學DIY：太空飛機
D 科學實驗室：達爾猩猩「鏽」身記
E 大偵探福爾摩斯科學鬥智短篇：1英鎊謀殺案(3)
F 地球揭秘：冰河大探索(1)之冰河時期
G 今期特稿
H 爬蟲地帶：不是爬蟲——蛙類
I 活動資訊站
J 讀者天地
K 數學偵緝室：巫婆的毒咒
L 天文教室：日食知多少(1)
M 曹博士信箱：為甚麼AED可以救人？
N 科學Q&A：人工的味道

＊請以英文代號回答**Q5**至**Q7**

Q5. 你最喜愛的專欄：
第 1 位 22________ 第 2 位 23________ 第 3 位 24________

Q6. 你最不感興趣的專欄：25________ 原因：26________

Q7. 你最看不明白的專欄：27________ 不明白之處：28________

Q8. 你從何處購買今期《兒童的科學》？
29□訂閱 30□書店 31□報攤 32□便利店 33□網上書店
34□其他：________

Q9. 你有瀏覽過我們網上書店的網頁www.rightman.net嗎？
35□有 36□沒有

Q10. 你會參加7月19至25日舉行的「香港書展2023」嗎？
37□會 38□不會

Q11. 你準備於「香港書展2023」購買哪些書刊？(可選多項)
39□訂閱《兒童的科學》
40□《兒童的科學》系列
41□《大偵探福爾摩斯》系列
42□《大偵探福爾摩斯》實戰推理系列
43□《大偵探福爾摩斯》數學偵緝系列
44□《大偵探福爾摩斯》英文小説系列
45□《大偵探福爾摩斯》探究系列
46□《大偵探福爾摩斯》漫畫系列
47□《科學大冒險》漫畫系列
48□《森巴STEM》漫畫系列
49□《森巴FAMILY》英文漫畫系列
50□《誰改變了世界》傳記系列
51□《少女神探 愛麗絲與企鵝》小説系列
52□《小説名偵探柯南》系列
53□《小説怪盜基德》系列
54□《大偵探福爾摩斯》精品
55□其他 (請註明)：________
56□不會參觀書展